普通高等教育计算机类系列教材

软件工程基础与实例分析

第 2 版

主　编　张剑飞
副主编　周　凤　邓春伟
参　编　石　磊　高　辉
主　审　刘兴丽

机 械 工 业 出 版 社

本书从实用的角度出发，系统地介绍了软件工程基础知识，包括传统的软件工程和面向对象的软件工程两大部分。在传统的软件工程部分，按照软件生存周期的顺序介绍各个阶段的任务、过程、方法、工具和文档编写规范；在面向对象的软件工程部分，介绍了面向对象的分析与设计方法以及统一建模语言（UML）的相关知识，同时配有开发实例和软件文档模板。

本书理论与实践相结合，内容循序渐进、深入浅出、通俗易懂、侧重应用。

本书可作为高等院校计算机、通信工程、电子信息工程、自动化等相关专业软件工程课程的教材，还可供软件工程师、软件项目管理者和应用软件开发人员参考。

本书配有免费电子课件，欢迎选用本书作为教材的教师登录www.cmpedu.com 注册下载。

图书在版编目（CIP）数据

软件工程基础与实例分析/张剑飞主编 . —2 版 . —北京：机械工业出版社，2018.11（2023.12 重印）

普通高等教育计算机类系列教材

ISBN 978-7-111-61079-3

Ⅰ. ①软… Ⅱ. ①张… Ⅲ. ①软件工程-高等学校-教材 Ⅳ. ①TP311.5

中国版本图书馆 CIP 数据核字（2018）第 224051 号

机械工业出版社（北京市百万庄大街 22 号 邮政编码 100037）
策划编辑：路乙达 责任编辑：路乙达 刘丽敏
责任校对：李 杉 封面设计：张 静
责任印制：邓 博
北京盛通数码印刷有限公司印刷
2023 年 12 月第 2 版第 9 次印刷
184mm×260mm · 15.75 印张 · 378 千字
标准书号：ISBN 978-7-111-61079-3
定价：39.00 元

电话服务　　　　　　　　　网络服务
客服电话：010-88361066　　机 工 官 网：www.cmpbook.com
　　　　　010-88379833　　机 工 官 博：weibo.com/cmp1952
　　　　　010-68326294　　金 书 网：www.golden-book.com
封底无防伪标均为盗版　机工教育服务网：www.cmpedu.com

前　言

  软件工程学是指导软件生产、维护的一门工程科学，从 20 世纪 60 年代起迅速发展，现已经成为计算机科学中一个重要分支，它的研究范围非常广泛，包括技术、方法、工具和管理等许多方面。

  本书从实用角度出发，系统地介绍了软件工程基础知识。在传统的软件工程部分，按照软件生存周期的顺序，介绍了各个阶段的任务、过程、方法、工具和文档编写规范。在面向对象的软件工程部分，介绍了面向对象的分析与设计方法以及统一建模语言（UML）的相关知识及实例。

  本书尽量用实例来解释概念，用案例来演绎方法和原理，并选择典型的软件工程开发实例进行剖析，使读者能够在牢固掌握理论知识的同时，思考并尝试解决实际问题。

  本书文字通俗易懂、概念清晰、深入浅出、实例丰富、实用性强，可作为高等学校计算机、通信工程、电子信息工程、自动化等相关专业软件工程课程的教材，还可供软件工程师、软件项目管理者和软件开发人员参考。

  本书的第 1～3 章由绥化学院周凤编写，第 4～7 章由哈尔滨石油学院邓春伟编写，第8～9章由中南林业科技大学石磊编写，第 10～12、14～15 章由黑龙江科技大学张剑飞编写，第 13 章由黑龙江科技大学高辉编写。黑龙江科技大学刘兴丽担任本书主审。

  在本书编写过程中，参考了大量的相关资料，同时得到了各方面有关专家的大力支持和帮助，在此一并感谢。由于时间仓促，水平有限，书中难免有不足之处，敬请读者不吝赐教。

编　者

目　录

前言
第1章　软件工程概述 …………………………………………………………………… 1
　1.1　软件 ……………………………………………………………………………… 1
　　1.1.1　软件的概念及特点 ……………………………………………………… 1
　　1.1.2　软件的分类 ………………………………………………………………… 2
　　1.1.3　软件危机的原因及解决途径 ……………………………………………… 3
　1.2　软件工程概念 …………………………………………………………………… 4
　　1.2.1　软件工程的定义和内容 …………………………………………………… 4
　　1.2.2　软件工程的基本原理 ……………………………………………………… 4
　1.3　软件生存周期 …………………………………………………………………… 5
　1.4　常用软件开发过程模型 ………………………………………………………… 6
　　1.4.1　瀑布模型 …………………………………………………………………… 6
　　1.4.2　快速原型模型 ……………………………………………………………… 7
　　1.4.3　螺旋模型 …………………………………………………………………… 8
　　1.4.4　喷泉模型 …………………………………………………………………… 9
　1.5　软件开发方法简述 ……………………………………………………………… 9
　　1.5.1　面向数据流的结构化方法 ………………………………………………… 9
　　1.5.2　面向数据结构的 Jackson 方法 …………………………………………… 10
　　1.5.3　面向对象的方法 …………………………………………………………… 10
　1.6　软件文档 ………………………………………………………………………… 11
　　1.6.1　软件文档在软件开发中的地位和作用 …………………………………… 11
　　1.6.2　软件文档的种类及写作要求 ……………………………………………… 12
　小结 …………………………………………………………………………………… 14
　习题1 ………………………………………………………………………………… 14
第2章　可行性研究 ……………………………………………………………………… 15
　2.1　问题定义 ………………………………………………………………………… 15
　2.2　可行性研究的任务 ……………………………………………………………… 15
　2.3　可行性研究的过程 ……………………………………………………………… 16
　2.4　可行性研究阶段使用的工具 …………………………………………………… 17
　　2.4.1　系统流程图 ………………………………………………………………… 17
　　2.4.2　数据流图 …………………………………………………………………… 19
　　2.4.3　数据字典 …………………………………………………………………… 24
　2.5　成本效益分析 …………………………………………………………………… 26
　2.6　网上招聘系统可行性研究报告 ………………………………………………… 28

小结 ………………………………………………………………………………… 31

习题2 ………………………………………………………………………………… 31

第3章 需求分析 …………………………………………………………………… 32

3.1 需求分析的任务 ……………………………………………………………… 32

3.2 需求分析的过程 ……………………………………………………………… 33

3.3 需求分析阶段使用的工具 …………………………………………………… 35

   3.3.1 实体关系图 ………………………………………………………………… 35

   3.3.2 数据规范化 ………………………………………………………………… 36

   3.3.3 层次框图 …………………………………………………………………… 37

   3.3.4 Warnier 图 ………………………………………………………………… 37

   3.3.5 描述算法的 IPO 图 ……………………………………………………… 38

3.4 网上招聘系统需求规格说明书 ……………………………………………… 38

小结 ………………………………………………………………………………… 42

习题3 ………………………………………………………………………………… 43

第4章 概要设计 …………………………………………………………………… 44

4.1 软件设计的目标和任务 ……………………………………………………… 44

   4.1.1 软件设计的目标 …………………………………………………………… 44

   4.1.2 软件设计的任务 …………………………………………………………… 44

4.2 概要设计的过程 ……………………………………………………………… 45

4.3 软件设计的原理 ……………………………………………………………… 47

   4.3.1 模块化 ……………………………………………………………………… 47

   4.3.2 抽象 ………………………………………………………………………… 48

   4.3.3 信息隐蔽 …………………………………………………………………… 49

   4.3.4 模块独立 …………………………………………………………………… 50

4.4 启发规则 ……………………………………………………………………… 52

   4.4.1 改进软件结构提高模块独立性 …………………………………………… 52

   4.4.2 模块规模适中 ……………………………………………………………… 52

   4.4.3 适当控制深度、宽度、扇出、扇入 ……………………………………… 52

   4.4.4 模块的作用域应该在控制域之内 ………………………………………… 53

   4.4.5 力争降低模块接口的复杂程度 …………………………………………… 53

   4.4.6 设计单入口单出口的模块 ………………………………………………… 53

   4.4.7 模块功能可预测 …………………………………………………………… 53

4.5 概要设计阶段使用的工具 …………………………………………………… 53

   4.5.1 层次图 ……………………………………………………………………… 53

   4.5.2 HIPO 图 …………………………………………………………………… 54

   4.5.3 结构图 ……………………………………………………………………… 55

   4.5.4 程序系统结构图 …………………………………………………………… 56

4.6 结构化设计方法 ……………………………………………………………… 56

   4.6.1 基本概念 …………………………………………………………………… 56

   4.6.2 系统结构图中的模块 ……………………………………………………… 57

   4.6.3 结构化设计过程 …………………………………………………………… 58

   4.6.4 变换分析 …………………………………………………………………… 58

   4.6.5 事务分析 …………………………………………………………………… 61

4.6.6 混合结构分析 ·· 62

4.7 网上招聘系统概要设计说明书 ·································· 62

小结 ·· 66

习题 4 ·· 66

第 5 章 详细设计 ·· 67

5.1 详细设计的过程 ·· 67

5.1.1 详细设计的基本任务 ···································· 67

5.1.2 详细设计方法 ·· 68

5.2 详细设计阶段使用的工具 ···································· 68

5.2.1 程序流程图 ·· 68

5.2.2 盒图 ·· 70

5.2.3 问题分析图 ·· 70

5.2.4 判定表与判定树 ······································ 71

5.2.5 过程设计语言 ·· 72

5.3 面向数据结构的设计方法 ···································· 75

5.3.1 改进的 Jackson 图 ···································· 76

5.3.2 Jackson 方法 ·· 76

5.4 网上招聘系统详细设计说明书 ································ 79

小结 ·· 84

习题 5 ·· 84

第 6 章 编码 ·· 85

6.1 选择开发语言 ·· 85

6.1.1 程序设计语言分类及特点 ································ 85

6.1.2 选择的标准 ·· 87

6.2 软件编码的规范 ·· 88

6.2.1 程序中的注释 ·· 88

6.2.2 数据说明 ·· 88

6.2.3 语句结构 ·· 89

6.2.4 输入和输出 ·· 90

6.3 网上招聘系统编码规范 ······································ 91

小结 ·· 93

习题 6 ·· 93

第 7 章 测试 ·· 94

7.1 测试的目标和原则 ·· 94

7.2 测试用例设计 ·· 95

7.2.1 黑盒测试 ·· 95

7.2.2 白盒测试 ·· 98

7.3 测试的步骤 ·· 100

7.3.1 单元测试 ·· 100

7.3.2 集成测试 ·· 102

7.3.3 确认测试 ·· 104

7.3.4 系统测试 ·· 105

7.4　常用测试工具及特点 ……………………………………………………………… 105

7.5　软件测试阶段文档写作规范 …………………………………………………… 107

　　7.5.1　测试文档的类型 …………………………………………………………… 107

　　7.5.2　软件测试过程文档 ………………………………………………………… 107

7.6　网上招聘系统客户端测试文档 ……………………………………………… 110

　　7.6.1　测试计划文档 ……………………………………………………………… 110

　　7.6.2　测试设计文档 ……………………………………………………………… 112

小结 ……………………………………………………………………………………… 115

习题7 …………………………………………………………………………………… 115

第8章　维护 …………………………………………………………………………… 116

8.1　软件维护的概念及特点 ………………………………………………………… 116

8.2　软件的可维护性 …………………………………………………………………… 118

8.3　软件维护的步骤 …………………………………………………………………… 119

8.4　软件维护过程文档写作规范 …………………………………………………… 121

8.5　用户手册的主要内容及写作要求 …………………………………………… 121

8.6　网上招聘系统维护文档 ………………………………………………………… 122

小结 ……………………………………………………………………………………… 123

习题8 …………………………………………………………………………………… 123

第9章　面向对象的基本概念及 UML ……………………………………… 124

9.1　传统方法学与面向对象方法比较 …………………………………………… 124

9.2　面向对象的基本概念 …………………………………………………………… 125

9.3　UML 概述 ………………………………………………………………………… 127

　　9.3.1　UML 的主要特点 …………………………………………………………… 127

　　9.3.2　UML 的应用领域 …………………………………………………………… 127

9.4　UML 的构成 ……………………………………………………………………… 128

9.5　UML 的视图 ……………………………………………………………………… 128

9.6　UML 的模型元素 ………………………………………………………………… 129

　　9.6.1　事物 …………………………………………………………………………… 129

　　9.6.2　关系 …………………………………………………………………………… 132

9.7　UML 的基本准则和图形表示 ………………………………………………… 132

　　9.7.1　UML 的基本准则 …………………………………………………………… 132

　　9.7.2　UML 的图形表示 …………………………………………………………… 133

小结 ……………………………………………………………………………………… 142

习题9 …………………………………………………………………………………… 142

第10章　面向对象分析 …………………………………………………………… 143

10.1　需求分析与用例建模 …………………………………………………………… 143

10.2　建立对象类静态模型 …………………………………………………………… 145

10.3　建立对象类动态模型 …………………………………………………………… 146

　　10.3.1　交互模型建模 ……………………………………………………………… 146

　　10.3.2　状态模型建模 ……………………………………………………………… 147

10.4　系统体系结构建模 ……………………………………………………………… 148

　　10.4.1　软件系统体系结构模型 ………………………………………………… 148

　　　10.4.2　硬件系统体系结构模型 ··· 148

　　　10.4.3　组件图建模 ·· 149

　　　10.4.4　配置图建模 ·· 150

　　小结 ·· 150

　　习题 10 ·· 150

第 11 章　面向对象设计 ·· 151

　11.1　面向对象设计准则 ··· 151

　11.2　启发式原则 ··· 152

　11.3　系统分解 ·· 153

　11.4　设计问题域子系统 ··· 155

　11.5　设计人机交互子系统 ·· 156

　11.6　设计任务管理子系统 ·· 158

　11.7　设计数据库管理子系统 ··· 160

　11.8　设计类中的服务 ·· 161

　11.9　设计关联 ·· 162

　11.10　设计优化 ·· 164

　　小结 ··· 166

　　习题 11 ··· 166

第 12 章　面向对象实例 1——银行系统的分析与设计 ·· 167

　12.1　系统需求 ·· 167

　12.2　创建用例模型 ··· 167

　　　12.2.1　识别参与者 ·· 168

　　　12.2.2　识别用例 ·· 168

　　　12.2.3　用例的事件流描述 ·· 169

　12.3　对象类静态模型 ·· 177

　　　12.3.1　定义系统对象类 ··· 177

　　　12.3.2　定义用户界面类 ··· 182

　　　12.3.3　建立类图 ·· 184

　　　12.3.4　建立数据库模型 ··· 185

　12.4　对象类动态模型 ·· 186

　12.5　系统体系结构建模 ··· 194

　　小结 ··· 195

第 13 章　面向对象实例 2——俄罗斯方块分析与设计 ·· 196

　13.1　系统需求 ·· 196

　13.2　面向对象分析 ··· 196

　　　13.2.1　建立功能模型 ·· 196

　　　13.2.2　建立动态模型 ·· 198

　　　13.2.3　建立对象模型 ·· 198

　　　13.2.4　界面设计 ·· 200

　13.3　面向对象设计 ··· 201

　　　13.3.1　系统架构设计 ·· 201

　　　13.3.2　模型层设计 ·· 202

13.3.3　视图层设计 …………………………………………………………………… 204

13.3.4　控制层设计 …………………………………………………………………… 205

小结 ……………………………………………………………………………………… 206

第14章　传统软件工程实例1——教学管理系统分析与设计 ……………………… 207

14.1　可行性研究 ……………………………………………………………………… 207

14.2　系统需求 ………………………………………………………………………… 211

14.3　系统设计 ………………………………………………………………………… 216

14.4　系统实现 ………………………………………………………………………… 221

小结 ……………………………………………………………………………………… 221

第15章　传统软件工程实例2——高校学生档案管理系统分析与设计 …………… 222

15.1　系统需求 ………………………………………………………………………… 222

15.2　业务流程分析 …………………………………………………………………… 222

15.2.1　档案存档管理流程 ……………………………………………………………… 222

15.2.2　档案转递管理流程 ……………………………………………………………… 223

15.2.3　档案借阅管理流程 ……………………………………………………………… 223

15.2.4　档案报表统计流程 ……………………………………………………………… 225

15.2.5　档案查询管理流程 ……………………………………………………………… 225

15.2.6　咨询服务管理流程 ……………………………………………………………… 226

15.2.7　系统管理流程 …………………………………………………………………… 227

15.3　功能分析 ………………………………………………………………………… 227

15.3.1　角色分析 ………………………………………………………………………… 227

15.3.2　数据流分析 ……………………………………………………………………… 227

15.4　数据分析 ………………………………………………………………………… 232

15.4.1　实体关系分析 …………………………………………………………………… 232

15.4.2　主要数据流 ……………………………………………………………………… 233

15.5　数据库设计 ……………………………………………………………………… 235

小结 ……………………………………………………………………………………… 238

参考文献 ………………………………………………………………………………… 239

第1章 软件工程概述

本章要点

本章主要介绍软件和软件工程的基础知识、比较常用的软件开发模型、典型软件开发方法以及软件文档写作等方面内容。

教学目标

了解软件的特点、软件的分类、软件危机产生的原因及解决途径，掌握软件工程的基本原理、软件生存周期的意义以及软件生存周期各阶段的基本任务，掌握瀑布模型、快速原型模型、螺旋模型、喷泉模型等常用的软件开发模型和面向数据流、面向数据结构、面向对象的软件开发方法，认识软件文档的作用、种类和写作要求。

1.1 软件

1.1.1 软件的概念及特点

1. 软件的概念

"软件"这一名词在20世纪60年代初从国外引进，当时人们无法说清它的具体含义，也无法解释英文单词"software"，于是有人把它翻译成"软件"或"软制品"，现在应该统一称其为软件。早期，人们认为软件就是源程序。随着人们对软件及其特性的更深层的研究，认为软件不仅包括程序，还应包含其他相关内容。目前，对软件通俗的解释为：

软件 = 程序 + 数据 + 文档

其中，程序是按照事先设计的功能和性能要求执行的指令序列；数据是程序运行的基础和操作的对象；文档是有关程序开发、维护和使用的各种图文材料。

2. 软件的特点

1）软件是一种抽象的逻辑实体。人们无法看到其具体形态，只能通过观察、分析、思考、判断等方式去了解它的特性功能。

2）软件是一种通过人们智力活动，把知识与技术转化为信息的一种产品，是在研制、开发中被创造出来的。

3）软件需要维护。主要是因为在软件的生存周期中，为了使它能够适应硬件、软件环境的变化以及用户新的要求，必须进行多次修改（维护）。

4）软件的开发和运行受到计算机硬件、操作系统的限制。

5）软件开发至今尚未摆脱手工开发方式。很多软件仍然是"定制"的，这使得软件的开发效率受到很大限制。

6）软件的开发是一个复杂的过程。

7）软件的成本较高。软件开发需要投入大量的、高强度的脑力劳动，成本较高。

1.1.2 软件的分类

为了便于人们根据不同的应用要求选择相应的软件，也鉴于不同类型的工程对象，对其进行开发和维护有着不同的要求和处理方法，因此从不同角度出发对软件进行分类，更加符合实际情况。

1. 基于软件功能的划分

（1）系统软件

系统软件是与计算机硬件紧密配合以使计算机的硬件部分与相关软件及数据协调、高效工作的软件，例如操作系统、数据库管理系统、设备驱动程序以及通信处理程序等。

（2）支持软件

支持软件是协助用户开发软件的工具性软件，包括帮助程序人员开发软件产品的工具和帮助管理人员控制开发进程的工具。

（3）应用软件

应用软件是在特定领域内开发、为特定目的服务的一类软件，其中商业数据处理软件占有很大比例，另外还有工程与科学计算软件、计算机辅助设计/计算机辅助制造（CAD/CAM）软件、系统仿真软件、智能产品嵌入软件（如汽车油耗系统、仪表盘数字显示、刹车系统）以及人工智能软件（如专家系统、模式识别）等。此外，事务管理、办公自动化、中文信息处理、计算机辅助教学（CAI）等方面的软件也在迅速发展之中。

2. 基于软件规模的划分

按软件开发所需要的人力、时间以及完成的源程序行数，可划分为 6 种不同规模的软件，即微型软件、小型软件、中型软件、大型软件、甚大型软件和极大型软件，见表1-1。

表1-1 软件规模分类

类　　别	参加人员数	研制期限	产品规模（源程序行数）
微型	1	1~4 周	500
小型	1	1~6 月	1000~2000
中型	2~5	1~2 年	5000~50 000
大型	5~20	2~3 年	50 000~100 000
甚大型	100~1000	4~5 年	1000 000 以上
极大型	2000~5000	5~10 年	10 000 000 以内

3. 基于软件工作方式的划分

（1）实时处理软件

实时处理软件是在事件或数据产生时，立即处理并回馈信号，控制需要监测和控制的过程的软件，主要包括数据采集、分析、输出 3 部分。其特点是对外界变化的反映及处理有严格的时间限定。

（2）分时软件

分时软件允许多个用户同时使用计算机。系统把处理机时间轮流分配给联机用户，但用户的感觉是只有自己在使用计算机。

（3）交互式软件

交互式软件实现人机通信。这类软件接收用户给出的信息，但在时间上没有严格的限定。这种工作方式给予用户很大的灵活度。

（4）批处理软件

批处理软件是把一组输入作业或一批数据以成批处理的方式一次运行，按顺序逐个处理完的软件。

1.1.3 软件危机的原因及解决途径

软件危机指的是在计算机软件的开发和维护过程中所遇到的一系列严重问题。其实，这些问题并不仅仅是那些不能正常运行的软件才具有的毛病，几乎所有的软件都不同程度地存在或多或少的问题。1968 年北大西洋公约组织（NATO）的计算机科学家在联邦德国召开的国际学术会议上第一次提出了"软件危机"（Software Crisis）这个名词。

概括来说，软件危机包含两方面问题：一方面是如何开发软件，以满足不断增长、日趋复杂的需求；另一方面是如何维护数量不断膨胀的软件产品。

1. 产生软件危机的原因

软件危机产生的原因：一方面与软件本身的特点有关；另一方面与软件开发和维护的方法不正确有关。其根本原因，主要表现在以下方面。

（1）忽视软件开发前期的需求分析

经验告诉我们，对用户要求没有准确完整的认识就匆忙着手编写程序，编码阶段开始得越早，完成整个工程的时间反而越长。

（2）没有统一的、规范的方法论的指导

在开发过程中文件资料不齐全，忽视人与人之间的交流，缺乏有力的方法论的指导，加剧了软件产品的个性化，以致产生疏漏和错误。

（3）忽视软件文档，造成开发效率低下

软件文档的编制在软件开发工作中占有突出的地位和相当的工作量。高效率、高质量地开发、管理和维护文档对于软件开发人员、软件维护人员以及用户都至关重要。

（4）忽视测试阶段的工作，提交用户的软件质量差

事实上，对于任何软件来讲，错误是不可避免的。为了尽量减少提交给用户软件中的错误，就需要在测试阶段找出软件中存在的错误，并及时加以修改。

（5）轻视软件的维护

在一个软件漫长的维护期中，必须注意改正软件使用中发现的每一个潜在的错误，以满足用户不断增长的需要。

2. 解决软件危机的途径

为了更好地解决软件危机，既需要技术措施，还要有必要的组织管理措施。先进的开发方法和工具可以保证软件的质量。严密组织、严格管理和各类人员工作的协调一致都是必不可少的因素。经过不断实践和总结，得出一个结论：按工程化的原则和方法组织软件开发工

作是有效的，是摆脱软件危机的一个主要出路。软件工程正是从管理和技术两方面研究如何更好地开发和维护计算机软件的学科。

1.2 软件工程概念

1.2.1 软件工程的定义和内容

1. 软件工程的定义

1968 年 10 月，北大西洋公约组织（NATO）科学委员会在联邦德国开会讨论软件可靠性与软件危机的问题，会议上，Fritz Bauer 首次提出了"软件工程"的概念。后来，人们曾经多次给出了有关软件工程的定义。1993 年 IEEE 为软件工程的定义是：软件工程是将系统化的、规范化的、可度量的途径应用于软件的开发、运行和维护的过程，即将工程化应用于软件的方法的研究。

2. 软件工程的内容

软件工程是一种层次化的技术，如图 1-1 所示。和其他工程方法一样，软件工程是以质量为关注焦点，以相关的现代化管理为理念。

软件工程的基础是过程层。软件工程的过程是为获得软件产品，在软件工具支持下由软件人员完成的一系列软件工程的活动，贯穿于软件开发的各个环节。它定义了方法使用的顺序、要求交付的文档资料，是软件开发各个阶段完成的标志。

软件工程的方法为软件开发提供了"如何做"的技术，通常包括以下内容：与项目有关的计算和各种估算方法、需求分析、设计方法、编码、测试和维护等。

软件工程的工具为软件工程方法提供了自动的或半自

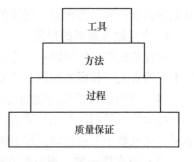

图 1-1 软件工程层次图

动的软件支撑环境，辅助软件开发任务的完成。现有的工具覆盖了需求分析、系统建模、代码生成、程序调试和软件测试等多个方面，形成了集成化的软件工程开发环境计算机辅助软件工程（Computer-Aided Software Engineering，CASE），以便提高软件开发效率和软件质量，降低开发成本。

1.2.2 软件工程的基本原理

自从 1968 年提出"软件工程"这一术语以来，研究软件工程的专家学者们陆续提出了100 多条关于软件工程的准则。美国著名的软件工程专家 Boehm 综合这些专家的意见，并总结了多年的开发软件的经验，于 1983 年提出了软件工程的 7 条基本原理。

1）用分阶段的生存周期计划严格管理开发过程。
2）坚持进行阶段评审。
3）实行严格的产品控制。
4）采用现代程序设计技术。
5）明确地规定开发小组的责任和产品标准。

6）开发小组的人员应少而精。

7）承认不断改进软件工程实践的必要性。

上述 7 条基本原理，相互独立，缺一不可。实践过程中，可以对这些原理进行细化和再生，灵活运用这些原理指导软件开发。

1.3 软件生存周期

概括地说，软件生存周期就是从提出软件产品开始，直到该软件产品被淘汰的全过程。一般来说，软件生存周期包括计划、开发、运行三个时期，每一时期又可分为若干更小的阶段。本节介绍的软件生存周期分为软件系统的可行性研究、需求分析、软件设计（概要设计和详细设计）、编码、软件测试、运行与维护。它们之间的关系如图 1-2 所示。

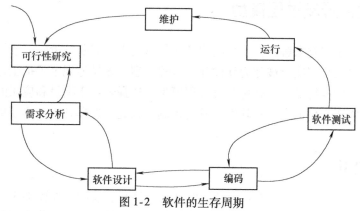

图 1-2　软件的生存周期

软件生存周期每个阶段的基本任务如下。

（1）可行性研究

可行性研究阶段主要确定软件的开发目标及其可行性，给出其在功能、性能、可靠性以及接口等方面的要求。可行性研究由系统分析员和用户合作探讨，并且对可利用资源（计算机硬件、软件、人力等）、成本、可取得效益、开发的进度做出估量，制订任务实施计划，连同可行性报告提交给管理部门。

（2）需求分析

需求分析主要解决待开发软件要"做什么"的问题，包括需求的获取、分析、规格说明、变更、验证、管理等一系列工作。软件开发人员与用户共同讨论决定，哪些需求是可以满足的，并且加以确切地描述，然后编写出软件需求说明书或系统功能说明书和初步的系统用户手册，提交给管理部门。

（3）软件设计

软件设计主要解决待开发软件"怎么做"的问题，软件设计通常可分为概要设计和详细设计。概要设计的任务是设计软件系统的体系结构，也就是确定程序由哪些模块组成以及模块间的关系。详细设计是具体设计每个模块，确定实现模块功能所需要的算法和数据结构。

（4）编码

编码是软件开发过程中的生产步骤。具体就是将软件转化为计算机代码，对其功能用某一种特定的计算机语言进行描述。编写出的程序要求具有结构性，并且易读，重要的是要与设计要求一致。

（5）软件测试

软件测试的目的是确认软件的质量，一方面是确认软件做了用户所期望的事情，另一方面是确认软件以正确的方式来做这些事情。首先进行单元测试，查找各个模块在内部功能结构上存在的问题，其次进行集成测试，查找模块间联合工作存在的问题，最后进行确认测试、系统测试，决定软件产品质量是否过关，能否交用户使用。

（6）运行与维护

软件产品开发完成投入使用后可能运行若干年。在运行过程中可能因为各方面原因需要进行修改，硬件变更、操作系统升级、平台移植等问题都可能需要对软件进行维护。

1.4 常用软件开发过程模型

软件工程是基于问题求解的，要解决问题必须找到求解问题的策略。该策略包括软件的过程、方法、工具三个层次，被称为软件开发过程模型。该模型规定了把生存周期划分成哪些阶段及各个阶段的执行顺序。软件开发过程模型的选择依赖于项目和应用的性质、所采用的方法和工具、需要交付的产品和软件开发的控制。因此，选择开发过程模型对于项目的开发至关重要。

1.4.1 瀑布模型

瀑布模型是在1970年由W. Royce最早提出的软件开发模型，如图1-3所示。它将软件生存周期的各项活动规定为依固定顺序连接的若干阶段工作，这些工作之间的衔接关系是从上到下、不可逆转的，如同瀑布一样，因此称为瀑布模型。

每项开发活动均应具有下述特征：

1）以上一项活动产生的工作对象作为输入。

2）利用这一输入，实施本项活动应完成的内容。

3）给出该项活动的工作结果，作为输出传给下一项活动。

4）对实施该项活动的工作结果进行评审。若其工作得到确认，则继续进行下一项活动，否则返回前项，甚至更前项的活动进行返工。

瀑布模型自提出以来，一直是一种广泛采用的开发模型，但在长期的实践中，人们发现这种模型有如下一

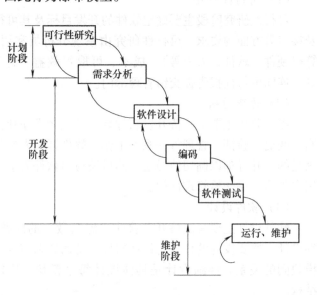

图1-3 瀑布模型

些缺点：

1）在项目开始阶段，开发人员和用户对需求的描述常常是不全面的。如果需求阶段未发现这些问题，就会影响到后面各阶段的工作。

2）瀑布模型中各阶段所做的工作都是文档说明，而对一般用户来说，很难全面理解文字描述背后的软件产品。当用户在提出一些意见时，加大了系统修改难度。

3）影响整个软件开发进度。例如在开发过程中，事先选择的技术或需求迅速发生变化，需要返回到前面的某个阶段，对前面的一系列内容进行修改。

总的来说，瀑布模型是一种应付需求变化能力较弱的开发模型。因此，很多在该模型基础上开发出来的软件产品不能真正满足用户需求。

1.4.2 快速原型模型

快速原型模型的第一步是建造一个快速原型，实现客户或未来的用户与系统之间的交互，用户或客户可以通过对原型的评价，进一步细化待开发软件的需求，由此通过逐步调整原型而进一步满足客户的要求，开发人员也可以确定客户的真正需求是什么；第二步则在第一步的基础上开发客户满意的软件产品。快速原型模型如图1-4所示。

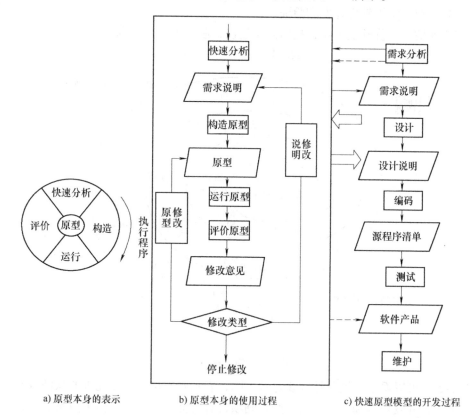

a) 原型本身的表示　　b) 原型本身的使用过程　　c) 快速原型模型的开发过程

图1-4　快速原型模型

显然，快速原型模型可以克服瀑布模型的缺点，减少由于软件需求不明确所带来的开发风险，事实证明具有显著的效果。

快速原型模型的关键在于尽可能快速地建造出软件原型，确定客户的真正需求。因此，原型系统的内部结构并不重要，重要的是必须迅速建立原型，随之迅速修改原型，以反映客户的真正需求。

1.4.3 螺旋模型

1988年，Barry Boehm 正式发表了软件系统开发的螺旋模型，它将瀑布模型和快速原型模型结合起来，强调了其他模型所忽视的风险分析，特别适合于大型复杂的系统。

风险是普遍存在于软件开发项目中的，所不同的只是风险有大有小。实践表明，项目规模越大，问题越复杂，资源、成本、进度等因素的不确定性就越大，承担的风险也越大。总之，风险是软件开发不可忽视的潜在不利因素，它可能在不同程度上损害到软件开发过程或软件产品的质量。软件风险驾驭的目标是在造成危害之前对风险进行识别、分析、采取对策，进而消除或减少风险的损害。螺旋模型沿着螺旋线进行若干次迭代，图1-5中的四个象限代表了以下活动：

1）制订计划。确定软件目标，选定实施方案，弄清项目开发的限制条件。
2）风险分析。分析评估所选方案，考虑如何识别和消除风险。
3）实施工程。实施软件开发和验证。
4）客户评估。评价开发工作，提出修正建议，制订下一步计划。

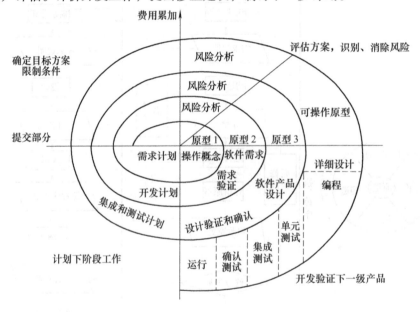

图1-5 螺旋模型

从图1-5中可以看出，沿着螺旋线每转一圈，表示开发出一个更完善的软件版本。如果开发风险过大，开发机构和客户无法接受，则项目有可能就此终止，但多数情况下，会沿着螺旋线继续下去并向外逐步延伸，最终能够得到所期望的系统。螺旋模型也有一定的限制条件，具体如下：

1）螺旋模型强调风险分析，但要求许多客户接受和相信这种分析，并做出相关反应是不容易的，因此这种模型往往适用于大规模软件开发。

2）如果执行风险分析会大大影响项目的利润，那么进行风险分析就毫无意义，因此螺旋模型只适合于大规模软件项目。

3）软件开发人员应该擅长寻找可能的风险，准确地分析风险，否则将会带来更大的风险。

1.4.4　喷泉模型

喷泉模型是一种以用户需求为动力，以对象为驱动的模型，主要用于描述面向对象的软件开发过程。该模型认为软件生存周期的各阶段是相互重叠和多次反复的，就像水喷上去又可以落下来，可以落在中间，也可以落在最底部，类似一个喷泉。各个开发阶段没有特定的次序要求，并且可以交互进行，可以在某个开发阶段中随时补充其他任何开发阶段中的遗漏。在喷泉模型中，存在交叠的活动用重叠的圆圈表示，一个阶段内向下的箭头表示阶段内的迭代求精。喷泉模型用较小的圆圈代表维护，圆圈较小象征采用面向对象设计后维护时间缩短了。喷泉模型如图 1-6 所示。

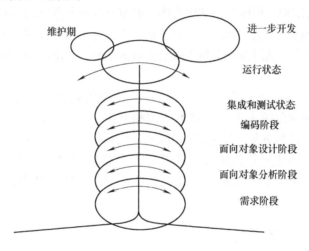

图 1-6　喷泉模型

1.5　软件开发方法简述

1.5.1　面向数据流的结构化方法

面向数据流的结构化方法由 E. Yourdon 和 L. L. Constantine 提出，是 20 世纪 80 年代使用最广泛的软件开发方法。该方法建立在软件生存周期模型基础上，采用结构化分析方法对软件进行分析，然后用结构化设计方法进行概要设计和详细设计，最后进行结构化编程。

结构化分析以分析信息流为主，用数据流图来表示信息流，按照功能分解的原则，自顶向下逐步求精，直到实现软件功能为止。在分析问题时，一般利用图表方式进行描述。使用的工具有数据流图、数据字典、问题描述语言、判定表和判定树等。其中数据流图用来描述系统中数据的处理过程，可以是一个程序、一个模块或一系列程序，还可以是某个人工处理过程；数据字典用来查阅数据的定义；问题描述语言、判定表和判定树用来详细描述数据处理的细节问题。

结构化设计是以结构化分析为基础，将分析得到的数据流图转换为描述系统模块之间关系的结构图。

面向数据流的结构化方法的主要问题是构造的系统不够稳定，它以功能分解为基础，而用户的功能是经常改变的，必然导致系统的框架结构不稳定。另外，从数据流图到软件结构图之间的过渡有明显的断层，导致设计回溯到需求有一定困难，但由于方法简单、实用，至今仍在使用。

1.5.2　面向数据结构的 Jackson 方法

面向数据结构方法是根据数据结构设计程序处理过程的方法，侧重数据结构而不是数据流。在许多应用领域中信息都有清楚的层次结构，输入信息、信息的内部存储、输出信息也都可能有一定的数据结构，而数据结构与程序结构紧密相关。有一个著名的公式："程序 = 算法 + 数据结构"。可见，在程序设计中算法和数据结构是紧密相连的，不同的数据结构往往决定了不同的算法结构。面向数据结构方法，着重于问题数据结构到问题解的程序结构之间的转换，而不强调模块定义。因此，该方法首先要充分了解所涉及的数据结构，而且用工具清晰地描述数据结构，然后按一定的步骤根据数据结构，导出解决问题的程序结构，完成设计。

1975 年 M. A. Jackson 提出了一类至今仍广泛使用的软件开发方法，称为 Jackson 方法。该方法把每个问题分解为由三种基本结构相互组合而成的层次结构图。三种基本的结构形式是顺序、选择和重复。采用这一方法，从目标系统的输入、输出数据结构入手，导出程序框架结构，再补充其他细节，就可得到完整的程序结构图。这一方法对输入、输出数据结构明确的中小型系统特别有效，如商业应用中的文件表格处理。详细参见本书5.3 节。

1.5.3　面向对象的方法

人们对于面向对象方法的研究最早起源于面向对象编程语言。在20 世纪60 年代开发的 Simula 语言，提供了比子程序更高的抽象机制。20 世纪70 年代初期开发出 Smalltalk 语言，它引用了 Simula 语言中关于类的概念，应用了继承机制和动态链接，同时，它第一次提出了"面向对象"这一术语，之后面向对象语言不断发展。目前，面向对象语言已经成为应用最广泛的程序设计语言。与此同时，人们对面向对象的研究从编程语言开始向软件生存周期的前期阶段发展。也就是说，人们对面向对象方法的研究与运用，不再局限于用于系统实现的编程语言，而是从系统分析和系统设计阶段就开始采用面向对象方法。这标志着面向对象已经逐步发展成一种完整的方法论。

20 世纪 90 年代以来，一些专家按照面向对象的思想，对面向对象的分析和设计（OOA/OOD）工作的步骤、方法、图形工具等进行了详细研究，提出了多种实施方案。据不完全统计有五十几种，其中比较流行的有十几种。其中影响较大的方法如下：

（1）Booch 方法

Grady Booch 是面向对象方法最早的倡导者之一，他提出了面向对象软件工程的概念，并发明了 Booch 方法。该方法的分析能力较弱，是一种偏重设计的方法。

（2）OMT 方法

OMT 方法即面向对象的建模技术（Object-Oriented Modeling Technique，OMT），是由 Rumbaugh 等人提出的通过建立对象模型、动态模型、功能模型来实现对整个系统的分析和设计工作。

（3）OOSE 方法

由 Jacobson 提出的面向对象的软件工程（Object-Oriented Software Engineering，OOSE）方法，其最大特点是以用例（Use-Case）与外部角色的交互来表示系统功能，用例贯穿于整个开发过程，包括对系统的测试和验证。

（4）Coad/Yourdon 的面向对象分析和设计方法

即 OOA 和 OOD 方法，它是最早的面向对象的分析和设计方法之一。该方法简单、易学，但处理能力有局限。

（5）统一建模语言（UML）

由 Grady Booch、Jim Rumbaugh 和 Ivar Jacobson 合作研究，在 Booch 方法、OMT 方法和 OOSE 方法的基础上推出了统一建模语言（Unified Modeling Language，UML），随后不断对 UML 充实、完善，到 1997 年 11 月，国际对象管理组织（OMG）已批准将 UML 1.1 作为面向对象技术的标准建模语言。

面向对象方法比其他的软件开发方法更符合人类的思维方式。它通过将现实世界问题向面向对象解空间映射的方式，实现对现实世界的直接模拟。由于面向对象的软件系统的结构是根据实际问题域的模型建立起来的，它以数据为中心，而不是基于对功能的分解，因此，当系统功能发生变化时不会引起软件结构的整体变化，往往只需要进行一些局部的修改，相对来说，软件的重用性、可靠性、可维护等特性都较好。

1.6 软件文档

1.6.1 软件文档在软件开发中的地位和作用

1. 软件文档在软件开发中的地位

软件开发是一个系统工程，从软件的生存周期角度出发，科学地编制软件文档很有必要。软件文档也称文件，通常指的是一些记录的数据和数据媒体，它具有固定不变的形式，可被人和计算机阅读。在软件工程中，文档常常用来表示对活动、需求、过程或结果进行描述、定义、规定、报告或认证的任何书面或图示的信息，它们描述和规定了软件设计和实现的细节，说明使用软件的操作命令。

2. 文档的作用

1）提高软件开发过程的能见度。通过把开发过程中发生的事件以某种可阅读的形式记录在文档中，管理人员可把这些记载下来的材料作为检查软件开发进度和开发质量的依据，实现对软件开发的工程管理。

2）提高开发效率。软件文档的编制，使得开发人员对各个阶段的工作都进行周密思考并且可及早发现错误，便于及时加以纠正。

3）作为开发人员在一定阶段的工作成果和结束标志。

4）记录开发过程中有关信息，便于协调以后的软件开发、使用和维护。

5）提供对软件的运行、维护和培训的有关信息，便于管理人员、开发人员、操作人员、用户之间协作、交流和了解，使软件开发活动更科学有效。

6）便于潜在用户了解软件的功能、性能等各项指标，为选购符合自己需要的软件产品提供依据。

1.6.2　软件文档的种类及写作要求

1. 软件文档的种类

（1）根据形式分类

根据形式，软件文档可以分为以下两类。

1）工作表格，包括开发过程中填写的各种图表。

2）文档或文件，包括应编制的技术资料或技术管理资料。

（2）按照文档产生和使用的范围分类

按照文档产生和使用的范围，软件文档又大致可以分为以下三类，如图1-7所示。

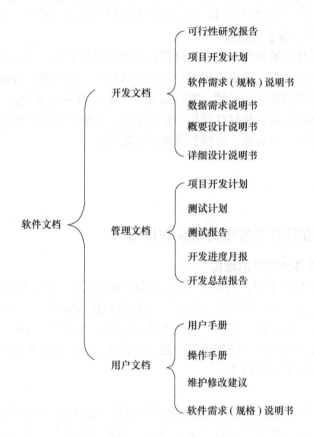

图1-7　软件文档分类

1）开发文档。开发文档是在软件开发过程中，作为软件开发人员前一阶段工作成果的体现和后一阶段工作依据的文档。

2）管理文档。管理文档是在软件开发过程中，由软件开发人员制订的一些工作计划或工作报告，使管理人员能够通过这些文档及时了解软件开发项目的情况。

3）用户文档。用户文档是由软件开发人员为用户准备的有关软件使用、操作、维护的资料。

表1-2指出了各种文档应该在软件生存周期中哪个阶段进行编写。

表1-2　软件开发项目生存周期各阶段与各种文档编制工作的关系

文档	阶 段					
	可行性研究与计划	需求分析	软件设计	编码与单元测试	集成与测试	运行与维护
可行性研究报告	→					
项目开发计划	→	→				
软件需求说明书		→				
数据需求说明书		→				
测试计划		→	→			
概要设计说明书			→			
详细设计说明书			→			
用户手册		→	→	→		
操作手册		→	→	→		
测试分析报告					→	
开发进度月报	→				→	
项目开发总结					→	
维护修改建议						→

2. 软件文档的写作要求

为了使软件文档能起到前面所提到的多种桥梁作用，文档的编制必须保证一定的质量。编制高质量的文档要遵循以下写作要求。

1）针对性。文档编制以前应分清读者对象，按不同的类型、不同层次的读者，决定怎样适应他们的需要。例如，管理文档主要是面向管理人员的，用户文档主要是面向用户的，这两类文档不应像开发文档（面向软件开发人员）那样过多地使用软件的专业术语。

2）精确性。文档的行文应当十分确切，不能出现多义性的描述。

3）清晰性。文档编写应力求简明，如有可能，配以适当的图表，以增强其清晰性。

4）完整性。任何一个文档都应当是完整的、独立的，它应自成体系。

5）灵活性。各个不同的软件项目，其规模和复杂程度各有差别，不能一律看待。

6）可追溯性。由于各开发阶段编制的文档与各阶段完成的工作有着紧密的关系，前后两个阶段生成的文档随着开发工作的逐步扩展，具有一定的继承关系。在一个项目各开发阶段之间提供的文档必定存在着可追溯的关系。

小　结

　　本章从软件的相关概念出发，介绍了软件的分类、规模、特点以及软件危机和软件危机产生的原因和解决的办法；引出了软件工程的概念，并且详细介绍了软件工程中的基本原理，着重对软件工程的生存周期进行阐述；根据不同软件开发的特点和需求，分别介绍了瀑布模型、快速原型模型、螺旋模型、喷泉模型4种典型的软件过程模型；之后简要介绍了几种软件开发的方法；最后介绍了软件文档的重要性、种类及写作要求。

习　题　1

1. 什么是软件？软件有哪些特点？
2. 什么是软件工程学？软件工程的基本原理是什么？
3. 试说明"软件生存周期"的概念。
4. 比较瀑布模型、快速原型模型、螺旋模型、喷泉模型的优缺点，说明每种模型适用的范围。
5. 比较几种软件开发方法的特点。
6. 试说明软件文档的写作要求。

第 2 章 可行性研究

本章要点

本章主要介绍问题定义、可行性研究的任务和过程，在可行性研究阶段常用的图形工具以及成本估算和效益分析的方法。

教学目标

了解所研究问题的来源、可行性研究的任务、过程和几种常用的成本效益分析方法，重点掌握可行性研究阶段使用的系统流程图、数据流图和数据字典等几种图形工具的画法和主要应用，通过网上招聘系统可行性规格说明书这一实例，掌握可行性阶段文档写作的技巧和方法。

2.1 问题定义

问题定义其实就是描述问题。如果不知道问题是什么就试图解决这个问题，显然是盲目的，只会白白浪费时间和金钱，最终得出的结果很可能是毫无意义的。因此，确切地定义问题十分必要，它是整个软件工程的第一个步骤，也可以说是软件工程里面各个项目的第一个步骤。通过问题定义阶段的工作，系统分析员应该提出关于问题性质、工程目标和规模的书面报告。通过对系统的实际用户和使用部门负责人的访问调查，系统分析员扼要地写出他对问题的理解，并在用户和使用部门负责人的会议上认真讨论这份书面报告，澄清含糊不清的地方，改正理解不正确的地方，最后得出一份双方都满意的文档。

2.2 可行性研究的任务

可行性研究的目的不是解决问题，而是确定问题是否值得去解决，为此要进行足够的客观分析。一般从以下三方面研究可行性。

1. 技术可行性

技术可行性是指使用现有的技术能否实现这个系统。在项目开发的可行性分析队伍中需要一个专门的技术小组做相关的技术调研。例如，119 等电话服务中心，如果安置语音识别系统，需要调研该系统针对普通话不同语速的识别率、针对地方方言的识别率，是否存在二意性。针对这些技术上的问题，如果采取某种技术解决，技术是否可行。

2. 经济可行性

经济可行性是指这个系统的经济效益能否超过它的开发成本。也就是说，该项目能否赚钱，能否获得利润。例如，构建电话服务中心，需配备两个电话接线员等工作人员，中继器、服务器等设备，因此需调研一天打入的电话量，以确保系统运行后能获得利润，即在经济上是可行的。

3. 操作可行性

操作可行性分析主要考查该项目在目前的组织里面能否执行。例如，公司预开发一个小型超市网上商品销售系统的项目，目前的工作人员大多比较熟悉 C＋＋语言，因此此项目是否能够执行需从以下几方面考察：统计公司现有熟练应用 Java 技术、脚本语言的人员；同时承担其他项目开发的人数；是否有合适的项目经理；未来的三个月之后企业可能会接到的项目数、项目类别、性质、需要投入的人力和物力等。因此，操作可行性分析包括人力资源、物质资源等各种资源的分析。

2.3　可行性研究的过程

1. 复查系统规模和目标

分析员访问关键人员，仔细阅读和分析有关材料，以便对问题定义阶段书写的关于规模和目标的报告书进一步复查确认，改正含糊或不确切的叙述，清晰地描述对目标系统的一切限制和约束。例如，在超市商品销售系统中，系统分析员首要先与关键人员确认超市规模，从而确定系统规模，然后根据商品种类确定价格清单，其中也包括像特价商品价格等其他细节问题。

2. 研究目前正在使用的系统

现有的系统是信息的重要来源。显然，如果目前有一个系统正被人使用，那么这个系统必定能完成某些有用的工作，因此新的目标系统必须也能完成它的基本功能；另一方面，如果现有的系统是完美无缺的，用户自然不会提出开发新系统的要求，因此现有的系统必然有某些缺点，新系统必须能解决旧系统中存在的问题。以小型超市网上商品销售系统为例，系统分析员需要查找相似的系统，像淘宝、易趣等，通过借鉴别人的系统进行开发。另外，在开发新系统时，要充分了解旧系统存在的问题和系统需要新增加的功能。

3. 导出新系统的高层逻辑模型

优秀的设计过程通常总是从现有的物理系统出发，导出现有系统的逻辑模型，再参考现有系统的逻辑模型，设想目标系统的逻辑模型，最后根据目标系统的逻辑模型构建新的物理系统，即用户使用这个系统所实现的功能。

4. 重新定义问题

新系统的逻辑模型实质上表达了系统分析员对新系统必须做什么的看法。得到新系统的高层逻辑模型之后，可能会发现前面问题定义的范畴过大，系统分析员还要和用户一起再次复查问题定义，对问题进行重新定义和修正。

由此可见，可行性研究的前 4 个步骤实质上构成一个循环。系统分析员定义问题，分析这个问题，导出一个试探性的解，在此基础上再次定义问题，再一次分析这个问题，修改这个解，继续这个循环过程，直到提出的逻辑模型完全符合系统目标。

5. 导出和评价供选择的解法

1）系统分析员应该从他建议的系统逻辑模型出发，导出若干较高层次的（较抽象的）物理解法供比较和选择。导出供选择的解法最简单的途径，是从技术角度出发考虑解决问题的不同方案。当从技术角度提出了一些可能的物理系统之后，应该根据技术可行性考虑初步排除一些不现实的系统。

2）考虑操作方面的可行性。系统分析员应该估计余下的每个可能的系统的开发成本和运行费用，并且估计相对于现有的系统而言这个系统可以节省的开支或可以增加的收入。

3）为每个在技术、操作和经济等方面都可行的系统制定实现进度表，这个进度表不需要（也不可能）制定得很详细，通常只需要估计生存周期每个阶段的工作量。

6. 推荐行动方针

根据可行性研究结果应该做出一个关键性的决定，即是否继续进行这项开发工程。系统分析员必须清楚地表明对这个关键性决定的建议，给出一个实际可行的方案，并且说明选择这个解决方案的理由。

7. 草拟开发计划

系统分析员应该进一步为推荐的系统草拟一份开发计划，大致从以下几方面进行。

1）任务分解。确定负责人，这个项目能分解成的小项目数量，由几个小组来管理，明确各小组的负责人。

2）进度规划。给出每个时间段应完成工作的大致进度规划。

3）财务预算。

4）风险分析及对策。风险是指技术风险、市场风险、政策风险等，每个风险都要考虑。通过风险分析，制订风险预案。当风险出现后，相应的操作流程对项目能有一定的安全保障。

8. 书写文档提交审查

应该把上述可行性研究各个步骤的结果写成清晰的文档，请用户和使用部门的负责人仔细审查，以决定是否继续这项工程以及是否接受系统分析员推荐的方案。

2.4　可行性研究阶段使用的工具

2.4.1　系统流程图

在可行性研究阶段，一般采用系统流程图作为概括地描绘物理系统的图形工具。系统流程图主要用图形符号描绘系统里面的每个部件（程序、文件、数据库、表格、人工过程等），通过这些图形符号表现出信息在系统各部件之间流动的情况，而不是对信息进行加工处理的控制过程。因此，尽管系统流程图使用的某些符号和程序流程图中用的符号相同，但是它却是物理数据流图而不是程序流程图。

1. 符号

系统流程图使用的符号见表 2-1。

表 2-1　系统流程图使用的图形符号

符　号	名　称	说　明
▭	处理	能改变数据值或数据位置的加工或部件。例如，程序、处理机、人工加工等都是处理
▱	输入/输出	表示输入/输出，是一个广义的不指明具体设备的符号

（续）

符　号	名　称	说　明
○	连接	指出转到图的另一部分或从图的另一部分转来，通常在同一页上
▽	换页连接	指出转到另一页图上或由另一页图转来
←	数据流	用来连接其他符号，指明数据流动方向
▱	穿孔卡片	表示用穿孔卡片输入或输出，也可以表示一个穿孔卡片文件
▱	文档	通常表示打印输出，也可以表示用打印终端输入数据
◗	磁带	表示磁带输入/输出或表示一个磁带文件
◖	联机存储	表示任何种类的联机存储，包括磁盘、磁鼓、软盘和海量存储器件
⬭	磁盘	表示磁盘输入/输出，也可以表示存储在磁盘上的文件或数据库
⬭	磁鼓	表示磁鼓输入/输出，也可以表示存储在磁盘上的文件或数据库
⬡	显示	CRT 终端或类似的显示部件，可用于输入或输出，也可既输入又输出
▱	人工输入	人工输入数据的脱机处理，如填写表格
▽	人工操作	人工完成的处理，如会计在工资支票上签名
□	辅助操作	使用设备进行的脱机操作
⟋	通信链路	通过远程通信线路或链路传送数据

　　其中，处理、输入/输出、连接、换页连接和数据流是系统流程图的基本符号，其余如穿孔卡片等11种符号为系统流程图的系统符号。

2. 例子

　　某装配厂有一座存放零件的仓库，仓库中现有的各种零件的数量以及每种零件的库存量临界值等数据都记录在库存清单主文件中。当仓库中零件数量有变化时，应该及时修改库存清单主文件，如果某种零件的库存量少于它的库存量临界值，则应该报告给采购部门以便订货，规定每天向采购部门送一次订货报告。

　　对上述客观实际情况分析如下：

1）该装配厂用小型计算机处理更新库存清单主文件和产生订货报告任务。

2）零件库存量的每次变化称为事务。

3）由放在仓库中的 CRT 终端输入到计算机中。

4）系统中库存清单程序对应事务处理。

5）更新磁盘上库存清单主文件，并且把必要的订货信息写在磁带上。

6）每天报告生成程序打印订货报告。

根据以上分析画出库存管理系统的系统流程图，如图 2-1。

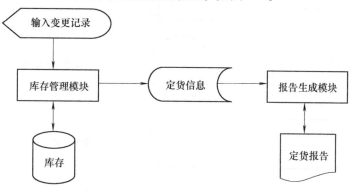

图 2-1　库存管理系统的系统流程图

注意：用系统流程图描绘物理系统时，图中每个符号代表组成系统的一个部件，其中并没有详细指明每个部件的具体工作过程，图中的箭头确定了信息通过系统的逻辑路径也就是信息的流动路径。一般来说，系统流程图的习惯画法是使信息在图中从上向下或从左向右流动。

3. 分层

面对复杂的系统时，一个比较好的方法是分层次地描绘这个系统。首先，用一张高层次的系统流程图描绘系统总体概貌，表明系统的关键功能。然后，分别把每个关键功能扩展到适当的详细程度，画在单独的一页纸上。这种分层次的描绘方法便于阅读者按从抽象到具体的过程逐步深入地了解一个复杂的系统。

2.4.2　数据流图

系统分析员在研究现有的系统时常用系统流程图表达其对这个系统的认识，这种描绘方法形象具体，比较容易验证它的正确性。但是，开发工程的目标往往不是完全复制现有的系统，而是创造一个能够完成相同的或类似功能的新系统。用系统流程图描绘一个系统时，系统的功能和实现每个功能的具体方案是混在一起的，所以需要另一种方式进一步总结现有的系统，并着重描绘系统所完成的功能而不是系统的物理实现方案。这种方式就是数据流图（Date Flow Diagram，DFD）。数据流图描绘系统的逻辑模型，图中没有任何具体的物理元素，只是描绘信息在系统中流动和处理的情况。

1. 符号

如图 2-2 所示，数据流图有 4 种基本符号：正方形或立方体表示数据的源点或终点；圆角矩形或圆形代表变换数据的处理；开口矩形或两条平行横线代表数据存储；箭头表示数据流，即特定数据的流动方向。注意，数据流图与程序流程图中用箭头表示的控制流有本质不同，千万不要混淆。熟悉程序流程图的初学者在画数据流图时，往往试图在数据流图中表现分支条件或循环，但这样做将造成混乱，画不出正确的数据流图。在数据流图中应该描绘所有可能的数据流向，而不应该描绘表现某个数据流的条件。

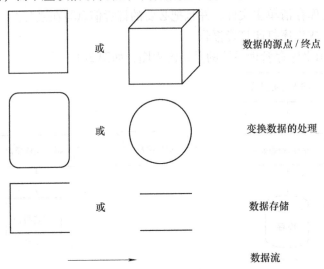

图 2-2　数据流图基本符号及其含义

在数据流图的绘制过程中，处理并不一定是一个程序。一个处理框可以代表一系列程序、单个程序或者程序的一个模块，它甚至可以代表用穿孔机穿孔或目视检查数据正确性等人工处理过程。一个数据存储也并不等同于一个文件，它可以表示一个文件、文件的一部分、数据库的元素或记录的一部分等。数据存储和数据流都是数据，仅是所处的状态不同。数据存储是处于静止状态的数据，而数据流是处于运动中的数据。

有时数据的源点和终点相同，不推荐用同一个符号代表数据的源点和终点，因为这样至少将有两个箭头和这个符号相连（一个进一个出），有可能降低数据流图的清晰度。有时数据存储也需要重复，以增加数据流图的清晰程度。为了避免可能引起的误解，如果代表同一个事物的同样符号在图中出现在 n 个地方，则在这个符号的一个角上画 $n-1$ 条短斜线作标记。

通常，在数据流图中忽略出错处理，以及诸如打开或关闭文件之类的内务处理。数据流图的基本要点是描绘"做什么"而不考虑"怎样做"。

除了上述 4 种基本符号之外，有时也使用几种附加符号。例如，星号（＊）表示数据流之间是"与"关系（同时存在）；加号（＋）表示"或"关系；⊕号表示只能从中选一个（互斥的关系）。图 2-3 给出了这些附加符号及其含义。

2. 数据流图的层次结构

为了表达数据处理过程的数据加工情况，需要采用层次结构的数据流图。按照系统的层次结构进行逐步分解，并以分层的数据流图反映这种结构关系，能清楚地表达和容易理解整个系统。数据流图的层次结构如图 2-4 所示。

在多层数据流图中，最上面一层称为顶层流图。顶层流图仅包含一个加工，它代表被开

数据 A 变换成数据 B 或 C，或 B 和 C，即有 A 则有 B 或 C，或两者都有

 数据 A 变换成数据 B 或 C，即有 A 则有 B 与 C，两者同时有

 数据 A 变换成数据 B 或 C，但不能变成 B 和 C，即有 A 则有 B 或 C，但不会同时有 B 与 C

 数据 A 或 B 或 A 和 B 同时输入变成数据 C，即当 A 或 B 有一个存在就有 C

 数据 A 和 B 同时输入才能变成数据 C，即有 A 与 B 同时存在就有 C

 只有数据 A 或只有数据 B（但不能 A、B 同时）输入时，变成 C

图 2-3　数据流图附加符号及其含义

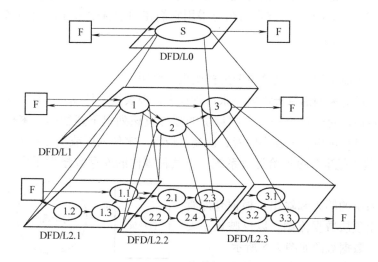

图 2-4　数据流图的层次结构

发系统。它的输入流是该系统的输入数据，输出流是系统的输出数据。

最下面一层称为底层流图。底层流图是指其加工不需再做分解的数据流图，它处在最底层，只要是模块的最底层就是底层流图，不管是第二层还是第三层的底层。

顶层流图与底层流图之间的部分称为中间层流图，中间层流图则表示对其上层父图的细化。它的每一加工可能继续细化，形成子图。

3. 命名

数据流图中每个成分的命名是否恰当，直接影响数据流图的可理解性。因此，给这些成分起名字时应该仔细推敲。下面讲述在命名时应注意的问题。

（1）为数据流或数据存储命名

1）名字应代表整个数据流或数据存储的内容，而不是仅仅反映它的某些成分。

2）不要使用空洞的、缺乏具体含义的名字（如"数据""信息""输入"之类）。

3）如果在为某个数据流或数据存储起名字时遇到了困难，则很可能是因为对数据流图分解不恰当造成的，应该尝试进行重新分解。

（2）为处理命名

1）通常先为数据流命名，然后再为与之相关联的处理命名。这样命名比较容易，而且体现了人类习惯的"由表及里"的思考过程。

2）名字应该反映整个处理的功能，而不是它的一部分功能。

3）名字最好由一个具体的及物动词，加上一个具体的宾语组成。应该尽量避免使用"加工""处理"等空洞笼统的动词作名字。

4）通常，名字中仅包括一个动词，如果必须用两个动词才能描述整个处理的功能，则把这个处理再分解成两个处理可能更恰当些。

5）如果在为某个处理命名时遇到困难，则很可能是发现了分解不当的情况，应考虑重新分解。

数据的源点和终点并不需要在开发目标系统的过程中设计和实现，它并不属于数据流图的核心内容，只不过是目标系统的外围环境部分（可能是人员、计算机外部设备或传感器装置）。通常，为数据的源点和终点命名时采用它们在问题域中习惯使用的名字，如"采购员""仓库管理员"等。

4. 例子

下面通过一个简单的例子具体说明怎样画数据流图。

假设一家工厂的采购部每天需要一张订货报表，报表按零件编号排序，表中列出所有需要再次订货的零件。对于每个需要再次订货的零件应该列出下述数据：零件编号、零件名称、订货数量、目前价格、主要供应者、次要供应者。零件入库或出库称为事务，通过放在仓库中的 CRT 终端把事务报告给订货系统。当某种零件的库存数量少于库存量临界值时就应该再次订货。

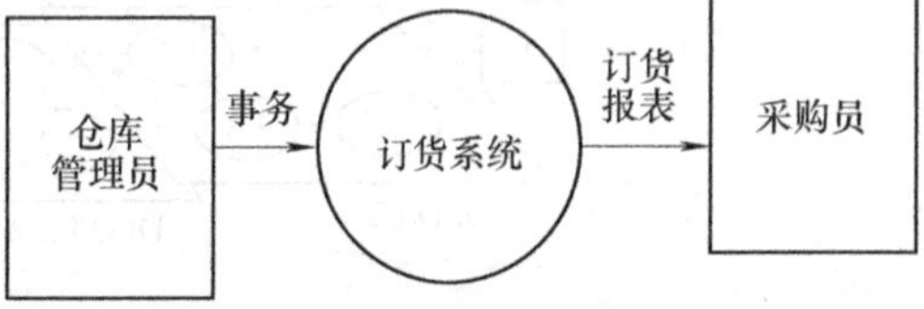

首先确定系统的输入和输出，根据仓库管理的业务，画出顶层数据流图，以反映最主要业务处理流程。数据流图如图 2-5 所示。

经过分析，仓库管理业务处理的主要功能应当有处理数据、生成报表两大项。主要数据

图 2-5　订货系统的最主要业务处理数据流图

流输入的源点和输出终点是仓库管理员和采购员。然后，从输入端开始，根据仓库管理业务工作流程，画出数据流流经的各加工框，逐步画到输出端，得到第一层数据流图如图 2-6 所示。

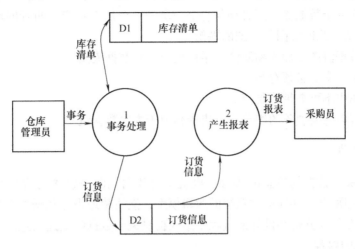

图 2-6   订货系统的第一层数据流图

对订货系统的第一层数据流图进一步细化，如果发生一个事务，必须首先接收它，随后，按照事务的内容修改库存清单，最后，如果更新后的库存量少于库存量临界值时，则应该再次订货，也就是需要处理订货信息。因此，把"处理事务"这个功能分解为下述三个步骤："接收事务""更新库存清单"和"处理订货"，如图 2-7 所示。

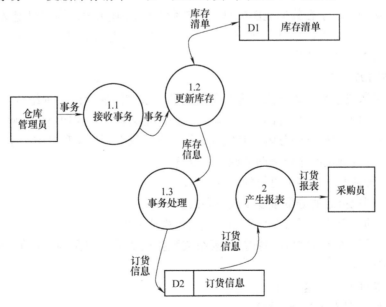

图 2-7   订货系统的第二层数据流图

5. 检查和修改数据流图的原则

1）数据流图上的所有图形符号只限于前述 4 种基本图形元素，并且必须包括前述 4 种基本元素，缺一不可。

2）数据流图主图上的数据流必须封闭在外部实体之间。

3）每个加工至少有一个输入数据流和一个输出数据流。

4）在数据流图中，需按层给加工框编号。编号表明该加工所处层次及上下层的亲子关系。

5）规定任何一个数据流子图必须与它上一层的一个加工对应，两者的输入数据流和输出数据流必须一致。此即父图与子图的平衡。

6）可以在数据流图中加入物质流，帮助用户理解数据流图。

7）图上每个元素都必须有名字。

8）数据流图中不可夹带控制流。

9）初画时可以忽略琐碎的细节，以集中精力于主要数据流。

2.4.3　数据字典

数据字典是关于数据的信息的集合，也就是对数据流图中包含的所有元素的定义的集合，它与数据流图配合，共同构成系统的逻辑模型，能清楚地表达数据处理的要求，数据字典的主要用途是在软件分析和设计的过程中给人提供关于数据的描述信息。

1. 数据字典的内容

一般说来，数据字典应该由对下列4类元素的定义组成：

1）数据流。

2）数据流分量（即，数据元素）。

3）数据存储。

4）处理。

在数据字典中，对于在数据流图中每一个被命名的图形元素，均加以定义，其内容有：名字、别名或编号、分类、描述、定义、位置、其他等，别名就是该元素的其他等价的名字，定义包括数据类型、长度、结构等。

2. 定义数据的方法

定义绝大多数复杂事物的方法，都是用被定义的事物的成分的某种组合表示这个事物，这些组成成分又由更低层的成分的组合来定义，因此定义就是自顶向下的分解，数据字典中的定义就是对数据自顶向下的分解，其组成数据的方式只有下述4种基本类型。

1）顺序，即以确定次序连接两个或多个分量。

2）选择，即从两个或多个可能的元素中选取一个。

3）重复，即把指定的分量重复零次或多次。

4）可选，即一个分量是可有可无的（重复零次或一次）。

虽然可以使用自然语言描述由数据元素组成数据的关系，但是为了更加清晰简洁起见，建议采用下列符号：

＝意思是等价于（或定义为）；

＋意思是和（即连接两个分量）；

［　］意思是或（即从方括号内列出的若干分量中选择一个）；

｛　｝意思是重复（即重复花括号内的分量）；

（　）意思是可选（即圆括号里的分量可有可无）。

常常使用上限和下限进一步注释表示重复的花括号。一种注释方法是在花括号的左边用上角标和下角标分别表明重复的上限和上限；另一种注释方法是在花括号左侧标明重复的下限，在花括号的右侧标明重复的上限。例如：

$_1^5 \{A\}$ 和 1 $\{A\}$ 5 含义相同。

在方括号中列出的供选择的分量可以从上而下排成若干行，也可以写成一行中间用"丨"号分开。例如下面两种写法是等价的：

$$\begin{bmatrix} option\_1 \\ option\_2 \\ option\_3 \end{bmatrix} 和 \begin{bmatrix} option\_1 丨 option\_2 丨 option\_3 \end{bmatrix}$$

3. 例子

下面给出 2.4.1 节的例子中几个数据元素的数据字典卡片，以具体说明数据字典卡片中上述几项内容的含义。

（1）数据流描述

```
名称：订货报表
别名：订货信息
描述：每天一次送给采购员的需要订货的零件表
数据流来源：来自仓库管理员事务处理
数据流去向：采购员
数据流组成：零件编号＋零件名称＋订货数量＋目前
            价格＋主要供应者＋次要供应者
位置：输出到打印机
```

（2）数据元素描述

```
名称：零件编号
别名：
描述：唯一地标识库存清单中一个特定零件的关键域
类型：字符
长度：8
取值范围：0000～9999
位置：订货报表
     订货信息
     库存清单
```

（3）数据文件的描述

```
名称：库存清单
别名：
描述：存放每个零件的信息
输入数据：库存清单
输出数据：库存清单
数据文件组成：零件编号＋零件名称＋入库数量＋出
            库数据＋库存量＋入库日期＋出库日
            期＋经办人
存储方式：关键码
```

2.5 成本效益分析

成本效益分析的目的正是要从经济角度分析开发一个特定的新系统是否可行，从而帮助使用部门负责人正确地作出是否投资于这项开发工程的决定。

1. 成本估算方法

成本估计不是精确的科学，因此应该使用几种不同的估计技术以便相互校验。下面简单介绍三种估算技术。

（1）代码行技术

代码行技术是比较简单的定量估算方法，它把开发每个软件功能的成本和实现这个功能需要用的源代码行数联系起来。通常根据经验和历史数据估计实现一个功能需要的源程序行数。当有以往开发类似工程的历史数据可供参考时，这个方法是非常有效的。

总成本＝每行代码的平均成本×源代码行数（每行代码平均成本取决于工资水平和复杂程度）

（2）任务分解技术

任务分解技术通常按开发阶段划分独立的任务，估计每个任务的成本，最后累加得出软件开发工程总成本。通常先估计完成该项任务需要的人力（人/月），再乘以每人每月平均工资得出每个任务成本。典型环境下各个开发阶段需要使用的人力的百分比大致见表2-2。当然，应该针对每个开发工程的具体特点，并且参照以往的经验尽可能准确地估计每个阶段实际需要使用的人力（包括书写文档需要的人力）。

表2-2　典型环境下各个开发阶段需要使用的人力的百分比

任　　务	人力（%）
可行性研究	5
需求分析	15
设计	25
编码和单元测试	20
综合测试	35

（3）自动估计成本技术

采用自动估计成本的软件工具可以减轻人的劳动，并且使得估计的结果更客观。但是，采用这种技术必须有长期搜集的大量历史数据为基础，并且需要有良好的数据库系统支持。

2. 几种度量效益的方法

成本效益分析的第一步是估计开发成本，第二步是估计运行费用和新系统将带来的经济效益。下面介绍几种度量效益的方法。

（1）货币的时间价值

通常用利率的形式表示货币的时间价值。假设年利率为 i，如果现在存入 P 元，则 n 年后可以得到的钱数为

$$F = P(1 + i)^n$$

式中，F 即是 P 元钱在 n 年后的价值；反之，如果 n 年后能收入 F 元钱，那么这些钱的现在

价值是

$$P = F/(1 + i)^n$$

【例 2.1】　在工程设计中用 CAD 系统来取代大部分人工设计工作，每年可节省 9.6 万元。若软件生存期为 5 年，则 5 年可节省 48 万元，而开发这个 CAD 系统共投资 20 万元。

分析：不能简单地把 20 万元同 48 万元相比较，因为前者是现在投资的钱，而后者是 5 年以后节省的钱，需要把 5 年内每年预计节省的钱折合成现在的价值才能进行比较。

设年利率为 5%，利用上面计算货币现在价值的公式，可以算出引入 CAD 系统后，每年预计节省的钱的现在价值，见表 2-3。

表 2-3　将来的收入折算成现在值

年	将来值/万元	$(1+i)^n$	现在值/万元	累计的现在值/万元
1	9.6	1.05	9.1429	9.1429
2	9.6	1.1025	8.7075	17.8513
3	9.6	1.1576	8.2928	26.1432
4	9.6	1.2155	7.8979	34.0411
5	9.6	1.2763	7.5219	41.5630

（2）投资回收期

通常用投资回收期衡量一项开发工程的价值。所谓投资回收期就是使累计的经济效益等于最初投资所需的时间。显然，投资回收期越短就能越快获得利润，因此这项工程也就越值得投资。例 2.1 中，引入 CAD 系统两年以后，可以节省 17.85 万元，比最初投资还少 2.15 万元，但第三年可以节省 8.29 万元，则

2.15/8.29 = 0.259

因此，投资回收期是 2.259 年。

投资回收期仅仅是一项经济指标，为了衡量一项开发工程的价值，还应该考虑其他经济指标。

（3）纯收入

衡量工程价值的另一项经济指标是工程的纯收入，也就是在整个生存周期之内系统的累计经济效益（折合成现在值）与投资之差，相当于比较投资开发一个软件系统和把钱存在银行中（或贷给其他企业）这两种方案的优劣。如果纯收入为零，则工程的预期效益和在银行存款一样，但是开发一个系统要冒风险，因此从经济观点分析这项工程可能是不值得投资的。如果纯收入小于零，那么这项工程显然不值得投资。

上例中，工程的纯收入预计是 41.563 万元 - 20 万元 = 21.563 万元。

（4）投资回收率

把资金存入银行或贷给其他企业能够获得利息，通常用年利率衡量利息多少。类似地也可以计算投资回收率，用它衡量投资效益的大小，并且可以把它和年利率相比较，在衡量工程的经济效益时，它是最重要的参考数据。

以现在的投资额，并且已经估计出将来每年可以获得的经济效益，那么给定软件的使用寿命之后，计算投资回收率的方法是：

假设把数据等于投资额的资金存入银行，每年年底从银行取回的钱等于系统每年预期可以获得的效益，在时间等于系统寿命时，正好把在银行中的存款全部取光。假设有年利率且年利率就等于投资回收率，根据上述条件不难列出下面的方程式

$$P = F_1/(1 + j) + F_2/(1 + j)^2 + \cdots + F_n/(1 + j)^n$$

式中，P 为现在的投资额；F_i 是第 i 年年底的效益（$i = 1, 2, \cdots, n$）；n 是系统的使用寿命；j 是投资回收率。

解出这个高阶代数方程即可求出投资回收率（假设系统寿命 $n = 5$）。

2.6 网上招聘系统可行性研究报告

网上招聘系统可行性研究报告的内容和写作要求见如下实例。

1 引言

1.1 项目名称：×××公司网上招聘系统

1.2 项目背景和内容概要

（项目的委托单位、开发单位、主管部门、与其他项目的关系、与其他机构的关系等）

本文档是信息技术有限公司在××单位的人力资源管理系统合同基础上编制的。本文档的编写为需求、设计、开发提供依据，为项目组成员对需求的详尽理解以及在开发过程中的协同工作提供强有力的保证。同时，本文档也作为项目评审验收的依据之一。

1.3 定义

（列出文档中所用到的专门术语的定义和缩写词的原文）

定义所使用的术语。对于易混淆的客户常用语要有明确规定定义。例如，"用户"是指客户的雇员而非软件的最终购买者等。

1.4 参考资料

（1）×公司网上招聘项目计划任务书

（2）××大学软件开发小组的网上招聘系统项目开发计划

2 可行性研究的前提

2.1 要求

列出并说明建议开发软件的基本要求。例如：

功能：系统包括管理端子系统和客户端子系统，应聘者通过互联网投递简历，招聘单位可以汇总简历，浏览简历，并通过测评选择合适的简历，通知面试，随机取卷进行笔答等，方便企业与求职者交流。

性能：公司招聘信息和招聘结果及时反应在招聘管理系统平台上，并能够及时、正确地刷新。

输出要求：数据完整、翔实、准确。

输入要求：简捷、快速、及时。

安全与保密要求：只有准确输入管理员用户名和密码及校验码之后才能修改系统信息，普通用户只能登录浏览及填写，而不能随意修改。

完成期限：预计6个月。

2.2 目标

系统实现后，能够及时发布招聘信息，公布结果，大大提高招聘工作的效率和质量，能够更大范围地选拔合适的人才，简化招聘过程中繁复的环节及人员的浪费，保证招聘工作的落实。

2.3 条件、假定和限制

建议开发软件运行的最短寿命：5 年。

经费来源：×××公司。

硬件条件：服务器。

软件、运行环境：Windows XP Professional。

数据库：SQL Server 2000。

建议开发软件投入使用的最迟时间：2008-9-30。

2.4 局限性

由于公司规模扩大及人员流动性较大，以往招聘范围狭窄，不能满足公司发展的需要。

3 所建议技术可行性分析

3.1 对系统的简要描述

客户端子系统：应聘者通过互联网投递简历，浏览招聘结果。

管理端子系统：招聘单位可以汇总简历，浏览简历，并通过测评选择合适的简历，通知面试，随机取卷进行笔答等。

3.2 处理流程和数据流程

通过分析得出某公司网上招聘系统流程图，如图2-8 所示。

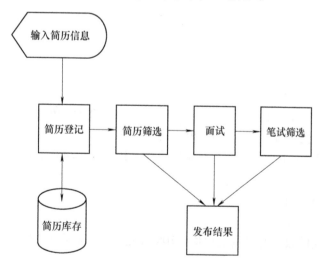

图2-8 某公司网上招聘系统流程图

3.3 技术可行性评价

成本效益分析结果表明，此项目效益大于成本。利用现有技术及当前项目档期人员调配充足的情况，能够完成和达到预期的功能目标，并且开发工作可以在规定的期限内按期完成。

3.4 人员

负责此系统的具体人员分配见表2-4。

表2-4 人员分配表

人员类别	数量/人	职能
分析、设计及编码	4	可行性分析，需求分析、软件设计及编码实现
数据整理	2	招聘流程基础数据整理
测试	2	软件测试
维护	2	软件维护
共计	10	

4 所建议系统经济可行性分析

4.1 支出

4.1.1 基本建设投资

基本建设投资包括采购、开发和安装下列各项所需的费用。例如：

终端 PC 20 台：8000 元 $\times$ 20 = 16 万元

网络设备：10 万元

辅助配置：10 万元

4.1.2 其他一次性支出

SQL Sever 2000：0.5 万元

Windows XP Professional：10 万元

操作员培训费：5 万元

4.1.3 经常性支出

人工费用：5000 元 $\times$ 6（月）$\times$ 10（人）= 30 万元

4.2 效益

4.2.1 一次性收益

0 元

4.2.2 经常性收益

减少员工 10 人（1000 元/人）五年收益：

1000 元 $\times$ （1.1 + 1.1^2 + 1.1^3 + 1.1^4 + 1.1^5）$\times$ 10 $\times$ 12 $\times$ 5 = 60 万元

工作效率提高收益（工作效率提高 30%）：

30 万元 $\times$ （1.1 + 1.1^2 + 1.1^3 + 1.1^4 + 1.1^5）$\times$ 30% $\times$ 5 = 45 万元

4.3 收益投资比

支出共计：81.5 万元

收益共计：105 万元

整个系统生存期的收益与投资的比值 = 105 万元/81.5 万元 = 128.8%

4.4 敏感性分析

敏感性分析是指一些关键性因素，例如系统生存周期长短、系统工作负荷量、处理速度要求、设备和软件配置变化对支出和效益的影响等的分析。

处理速度：一般查询速度 <5s。

关键数据查询速度：<3s。

5 社会因素可行性分析

5.1 法律因素

例如合同责任、侵犯专利权、侵犯版权等问题的分析。

所有软件都选用正版。

所有技术资料都由提出方保管。

合同确定违约责任。

5.2 用户使用可行性

例如用户单位的行政管理、工作制度、人员素质等能否满足要求。

使用本系统的人员要求有一定的计算机基础，系统管理员要求有计算机的专业知识，所有人员都要经过本公司培训。

管理人员也需经一般培训。

经过培训人员将会熟练使用本软件。

两名系统管理员将进行专业培训，熟练管理本系统。

6 结论意见

由于项目投资效益比远大于100%，技术、经济、操作都有可行性，可以进行。

小 结

可行性研究的目的是用最小的代价在尽可能短的时间内确定问题是否能够解决。也就是说，可行性研究的目的是确定问题是否值得去解，而不是解决问题。其过程是在对问题正确定义的基础上，通过分析问题（往往需要研究现在正在使用的系统），导出试探性的解，然后复查并修正问题定义，再次分析问题，改进提出的解法……经过"定义问题—分析问题—提出解法"的反复过程，最终提出一个符合系统目标的高层次的逻辑模型，然后根据系统的这个逻辑模型设想各种可能的物理系统，并且从技术、经济和操作等各方面分析这些物理系统的可行性。最后，系统分析员提出一个推荐的行动方案，提交用户和使用部门负责人审查批准。

习 题 2

1. 可行性研究分为哪些步骤？

2. 为方便旅客，某航空公司拟开发一个机票预订系统。旅行社把预订机票的旅客信息（姓名、性别、工作单位、身份证号码、旅行时间、旅行目的地等）输入该系统，系统为旅客安排航班，打印出取票通知和账单，旅客在飞机起飞的前一天凭取票通知和账单交款取票，系统校对无误后打印出机票给旅客。

（1）写出问题定义并分析此系统的可行性；

（2）画出描绘系统功能需求的数据流图；

（3）写出它的可行性说明。

3. 目前住院病人主要由护士护理，这样做不仅需要大量护士，而且由于不能随时观察危重病人的病情变化，还会延误抢救时机。某医院打算开发一个以计算机为中心的患者监护系统，其分析如下：

医院对患者监护系统的基本要求是随时接收每个病人的生理信号（脉搏、体温、血压、心电图等），定时记录病人情况以形成患者日志，当某个病人的生理信号超出医生规定的安全范围时向值班护士发出警告信息，此外，护士在需要时还可以要求系统打印出某个指定病人的病情报告。

（1）写出问题定义并分析此系统的可行性；

（2）画出描绘系统功能需求的数据流图；

（3）写出它的可行性说明。

第3章 需求分析

本章要点

本章主要介绍需求分析的任务和具体过程，在需求分析阶段常用的几种图形工具以及需求分析文档的写作方法。

教学目标

了解需求分析的任务和具体过程，重点掌握需求分析阶段使用的实体关系图、层次框图、Warnier 图、IPO 图等几种常用图形工具的画法和主要应用，通过网上招聘系统需求规格说明书这一实例，掌握需求分析阶段文档写作的技巧和方法。

3.1 需求分析的任务

需求分析的基本任务是对目标系统提出完整、准确、清晰、具体的要求，即确定系统必须完成哪些工作。下面简要叙述需求分析阶段的具体任务。

1. 系统功能要求

需求分析时要通过一系列的手段把可行性分析中的概念细化、深化，要充分了解旧系统在哪些方面不满足用户需求，新系统有哪些要求。因此，需求分析小组要到现场和用户或潜在用户进行沟通和交流，核实用户需求，最后形成需求规格说明书，当程序员编码时，如果对文档有疑问，就要与需求分析小组的人进行解疑，所以需求分析阶段必须把用户各个方面的需求调查得非常清楚，才能够完成指导后续的工作。

2. 系统性能要求

系统需要的存储容量，联机系统的响应时间，系统重新启动和安全性以及系统运行时产生的数据信息量，数据传输速率等都属于系统性能，假设系统的一个性能是以 40Mbit/s 速率产生数据并进行传输，如果需求分析阶段没有调查出这个性能，待将来软件开发完毕，进行数据测试时，发现当数据以 40Mbit/s 的速率进行传输，会导致整个系统发生瘫痪或运行很慢，所以需求分析阶段必须确保数据传输的速率是 40Mbit/s 这一系统性能要求。

3. 运行要求

运行要求主要表现为系统的运行环境和硬件配置。例如，某公司要开发一套信息系统软件，必须说明用户的软、硬件环境，外存储器和数据通信接口以及采用哪种数据库管理系统等。

4. 未来可能的扩充要求

应该明确地列出那些虽然不属于当前系统开发范畴，但是据分析将来很可能会提出来的要求。这样做的目的是在设计过程中对系统将来可能的扩充和修改预做准备，以便一旦需要时能比较容易地进行这种扩充和修改。

5. 分析系统的数据要求

任何一个软件本质上都是信息处理系统，系统必须处理的信息和系统应该产生的信息很大程度上决定了系统的面貌，对软件设计有深远的影响。因此，分析系统的数据要求，是软件分析的一个重要任务。分析系统的数据要求通常采用建立数据模型的方法。

复杂的数据由许多基本的数据元素组成，数据结构表示数据元素之间的逻辑关系。利用数据字典可以全面地定义数据，但是数据字典的缺点是不够直观。为了提高可理解性，常常利用图形化工具辅助描述数据结构，例如层次框图和 Warnier 图。

6. 导出系统的逻辑模型

综合上述分析的结果可以导出系统的详细逻辑模型，通常用数据流图、数据字典和主要的处理算法描述这个逻辑模型。

7. 修正系统开发计划

根据在分析过程中获得的对系统更深入的了解，可以比较准确地估计系统的成本和进度，修正以前制订的开发计划。

8. 开发原型系统

原型系统简单来说就是样机系统。由于人认识能力的局限，不能预先指定所有要求，可能造成用户和系统分析员之间存在沟通鸿沟，这需要一个真实的系统模型，让用户使用，并给出建议，以便获得实践经验，这个模型就是原型系统。项目组可以给用户开发几个原型系统，能够进行简单的操作，如查看图表、打印等，用户试用了原型系统以后能够指出系统的哪些特性是他们喜欢的，哪些是他们感到不能接受的以及他们还需要哪些新的功能。原型系统可以使用户通过实践对未来系统有更直接、更具体的概念，从而可以更准确地提出和确定他们的要求。

在软件开发中，采用样机策略的主要困难是成本问题。对于一次设计后大批量生产的产品（例如计算机硬件和绝大多数工业产品），设计和制造样机的费用可以分摊到每件产品上，因此每件产品的成本增加很少。软件，特别是应用软件，通常一次只开发出一件产品，采用样机策略则成本增加很多，因此过去很少采用这种策略。但是，由于正确地提出用户需求是软件开发工程成功的基础，近年来主张采用样机策略的人逐渐多起来。此外，目前有一些较好的工具可供用于建立软件的原型系统，这就为在软件开发中采用样机策略奠定了必要的物质基础。原型法逐渐发展成为开发软件的一种重要方法。

3.2 需求分析的过程

通过可行性研究已经得出了目标系统的高层数据流图，需求分析的目的之一就是把数据流和数据存储定义到元素级。为了达到这个目的，通常从数据流图的输出端着手分析，这是因为系统的目标是产生这些输出，输出数据确定了系统必须具有的最基本的组成元素。

1. 沿数据流图回溯

可行性研究中得到的数据流图的某些元素可能不准确，所以做数据分析时要按数据加工环节对数据流图进行遍历，确定数据加工环节中每个数据元素的来源，即弄清每个数据元素是从哪里来的，怎样产生的。在沿数据流回溯过程中可能会遇到很多问题，如得到某个数据元素需要用到数据流图中目前还没有的数据元素，或者得出这个数据元素需要用的算法尚不完全清楚，等等。为了解决这些问题，往往需要向用户和其他有关人员请教，使系统分析员对目标系统的认识更深入、更具体，然后把分析过程中得到的有关数据元素的信息记录在数据字典中，这样可达到加细数据流图及数据字典的目的，并将相关算法记录在 IPO 图中。

2. 用户复查

系统分析员已经把沿着数据流图回溯过程中所划分出来的数据元素记录在数据字典中，并且用 IPO 图或其他适当的工具扼要地记录了许多主要的算法，并补充和修正了在可行性研究阶段得到的数据流图，但还存在许多问题，如算法需进一步完善，可能遗漏必要的处理或数据元素等。系统分析员必须请用户对前一个分析步骤中得出的结果仔细地进行复查，从输入端开始，借助数据流图以及数据字典和简明的算法描述向用户解释。用户倾听系统分析员的报告后，可及时纠正和补充系统分析员的认识。复查过程验证了已知的元素，补充了未知的元素，填补了文档中的空白。

3. 细化数据流图

反复进行沿数据流图回溯、用户复查两个分析过程，系统分析员越来越深入地定义了系统中的数据和系统应该完成的功能。为了追踪更详细的数据流，系统分析员要通过功能分解完成数据流图的细化，把数据流图扩展到更低的层次，即在数据流图中选出一个功能比较复杂的处理，并把它的功能分解成若干子功能，这些较低层的子功能再进一步细化自己的数据存储和数据流。细化数据流图要遵循两个原则：第一，在分层细化时必须保持信息连续性，即细化前后对应功能的输入/输出数据必须相同；第二，分解到需要考虑具体实现的代码时即可停止。所以数据流图的分解在需求分析的过程中达到了极致，需求分析结束，数据流图就形成了最精细的数据流图了。

4. 修正开发计划

在可行性研究阶段，系统分析员根据当时对系统的认识，曾经草拟了一份开发计划，经过需求分析阶段的工作，系统分析员对目标系统有了更深入更具体的认识，并对系统的成本和进度有了更准确的估计，因此可以在此基础上对原开发计划进行修正。

5. 书写文档

在修正开发计划之后，要把分析的结果用正式的文档记录下来，作为最终软件配置的一个组成部分。根据需求分析阶段的基本任务，在这个阶段应该完成下述 4 份文档资料。

1）系统规格说明书。主要描述目标系统的概貌、功能要求、性能要求、运行要求和将来可能提出的其他要求。在分析过程中得出的数据流图、用 IPO 图或其他工具简要描述的系统主要算法是这份文档的两个重要组成部分。此外，这份文档中还应该包括用户需求和系统功能之间的参照关系以及设计约束等。

2）数据要求。主要包括通过需求分析建立起来的数据字典以及描绘数据结构的层次框图或 Warnier 图。此外，还应该包括对存储信息（数据库或普通文件）分析的结果。

3）用户系统描述。是从用户使用系统的角度描述系统，相当于一份初步的用户手册，内容包括对系统功能和性能的扼要描述，使用系统的主要步骤和方法以及系统用户的责任等。在软件开发过程的早期，准备一份初步的用户手册是非常必要的，它使得未来的系统用户能够从使用的角度检查审核目标系统，因此比较容易判断这个系统是否符合他们的需要。

4）修正的开发计划。包括修正后的成本估计、资源使用计划、进度计划等。

6. 审查和复审

问题了解得越细，解决这个问题的投入就越大。可行性研究时，大都没有很详细地了解具体情况，但通过需求分析阶段详细了解之后，发现原来这个问题很复杂，可能会造成追加投资或项目被撤销等情况的发生。所以，分析过程的最后一步是按照标准对需求分析阶段的工作成果进行正式的技术审查和管理复审。

3.3 需求分析阶段使用的工具

3.3.1 实体关系图

在需求分析阶段需要分析用户的数据要求，如需要有哪些数据、数据之间有什么联系、数据本身有什么性质、数据的结构等，还需要分析用户的处理要求，如对数据进行哪些处理、每个处理的逻辑功能等。为了把用户的数据要求清晰明确地表达出来，系统分析员通常按照用户的观点建立一个面向问题的概念性数据模型，简称概念模型，也称为信息模型。它描述了从用户角度看到的数据，反映了用户的现实环境，且与在软件系统中的实现方法无关。

最常用的表示概念模型的方法，是实体－联系方法（Entity- Relationship Approach）。这种方法用 E-R 图描述现实世界中的实体，而不涉及这些实体在系统中的实现方法。用这种方法表示的概念模型又称为 E-R 模型。

E-R 模型中包含"实体型""联系"和"属性"等三个基本成分。下面分别介绍这三个基本成分。

1. 实体型（Entity）

实体是客观世界中存在的且可相互区分的事物，可以是人，也可以是物。实体型用矩形表示，矩形框内写明实体名。比如，学生张三丰、学生李军都是实体。

2. 联系（Relationship）

客观世界中的事物彼此间往往是有联系的。联系用菱形表示，菱形框内写明联系名，并用无向边分别与有关实体连接起来，同时在无向边旁标上联系的类型（1:1, 1:n 或 $m:n$）就是指存在的三种关系（一对一，一对多，多对多）。比如，老师给学生授课存在授课关系，学生选课存在选课关系。

（1）一对一联系（1:1）

例如，一个部门有一个经理，而每个经理只在一个部门任职，则部门与经理的联系是一对一的。

（2）一对多联系（1:n）

例如，某校教师与课程之间存在一对多的联系"教授"，即每位教师可以教多门课程，但是每门课程只能由一位教师来教，如图 3-1 所示。

（3）多对多联系（$m:n$）

例如，图 3-1 表示学生与课程间的联系"学习"是多对多的，即一个学生可以学多门课程，而每门课程可以有多个学生来学。

3. 属性（Attribute）

属性是实体或联系所具有的性质。通常一个实体由若干属性来描述。属性用椭圆形表示，并用无向边将其与相应的实体连接起来。比如，学生的姓名、学号、性别都是属性。

联系也可能有属性。例如，学生"学习"某门课程所取得的成绩，既不是学生的属性也不是课程的属性。由于"成绩"既依赖于某名特定的学生，又依赖于某门特定的课程，所以它是学生与课程之间的联系"学习"的属性，如图 3-1 所示。

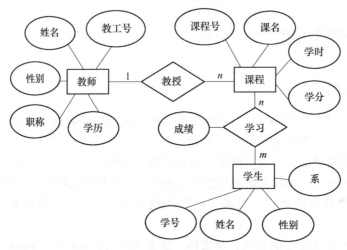

图 3-1　某校教学管理 E-R 图

3.3.2　数据规范化

软件系统中有许多数据是需要长期保存的。为减少数据冗余，简化修改数据的过程，应该对数据进行规范化。通常用"范式"（Normal Forms）定义消除数据冗余的程度。一般按照属性间的依赖情况区分规范化的程度，属性间的依赖情况满足不同程度要求的为不同范式，满足最低要求的是第一范式，在第一范式中再进一步满足一些要求的为第二范式，其余依此类推。下面给出第一范式、第二范式和第三范式的定义。

1. 第一范式

每个属性值都必须是原子值，即仅仅是一个简单值而不含内部结构。

2. 第二范式

满足第一范式条件，而且每个非关键字属性都由整个关键字决定，而不是由关键字的一部分来决定，即第一范式消除部分依赖后成为第二范式。

3. 第三范式

符合第二范式的条件，每个非关键字属性都仅由关键字决定，而且一个非关键字属性不能仅仅是对另一个非关键字属性的进一步描述，即第二范式消除了传递依赖后成为第三范式。

首先，范式级别越高，数据冗余越小，存储同样数据就需要分解成更多张表，因此"存储自身"的过程也就越复杂。其次，随着范式级别的提高，数据的存储结构与基于问题域的结构间的匹配程度也随之下降，因此在需求变化时数据的稳定性较差。另外，范式级别提高则需要访问的表增多，因此性能（速度）将下降。从实用角度来看，在大多数场合选用第三范式都比较恰当。

3.3.3 层次框图

层次框图用树结构的一系列多层次的矩形框描绘数据的层次结构。树结构的顶层是一个单独的矩形框，它代表完整的数据结构，下面的各层矩形框代表这个数据的子集，最底层的各个框代表组成这个数据的实际数据元素（不能再分割的元素）。

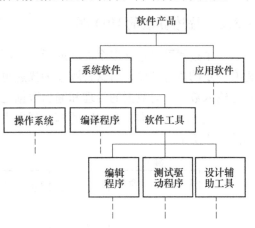

例如，描绘一家计算机公司全部软件产品的数据结构可以用图 3-2 所示的层次框图表示。这家公司的软件产品由系统软件、应用软件两类产品组成，系统软件又分为操作系统、编译程序和软件工具等，软件工具又包括编辑程序、测试驱动程序、设计辅助工具等。

随着结构的精细化，层次框图对数据结构的描绘也越来越详细，这种模式非常适合于需

图 3-2 层次框图的一个例子

求分析阶段的需要。系统分析员从顶层信息的分类开始，沿图中每条路径反复细化，直到确定了数据结构的全部细节为止。

3.3.4 Warnier 图

Warnier 图是需求分析阶段为表示信息层次结构而使用的另外一种图形工具。和层次框图类似，Warnier 图也用树结构描绘信息，它可以指出一类信息或一个信息量是重复出现的，也可以表示特定信息在某一类信息中是有条件地出现的。由于重复和条件约束是说明软件处理过程的基础，所以很容易把 Warnier 图转变成软件设计的工具。

将图 3-2 用 Warnier 图描绘如图 3-3 所示，图中花括号用来区分数据结构的层次，在一个花括号内的所有名字都属于同一类信息；异或符号（$\oplus$）表明一类信息或一个数据元素在一定条件下才出现，而且在这个符号上、下方的两个名字所代表的数据只能出现一个，在一个名字右边的圆括号中的数字指明了这个名字代表的信息类（或元素）在这个数据结构中重复出现的次数。

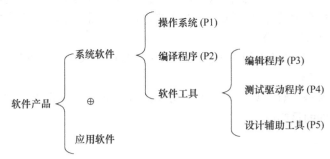

图 3-3 Warnier 图的一个例子

根据上述符号约定，图3-3中的Warnier图表示一种软件产品要么是系统软件，要么是应用软件。系统软件中有P1种操作系统，P2种编译程序，此外还有软件工具。软件工具是系统软件的一种，它又可以进一步细分为编辑程序、测试驱动程序和设计辅助工具，图3-3中标出了每种软件工具的数量。

3.3.5 描述算法的 IPO 图

一个过程可以包含多个处理或活动，因此过程可以分解为多个较小的子过程。这些子过程有一定的执行顺序，对这种顺序的描述也称为过程流。IPO（Input Process Outpnt）图就是描述输入数据、对数据的处理和输出数据之间关系的图形工具。其基本形式是在左边的框中列出有关的输入数据，在中间的框内列出主要的处理，在右边的框内列出产生的输出数据，如图3-4所示。

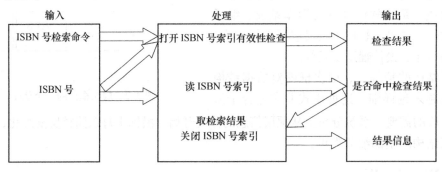

图 3-4　IPO 图的一个例子

3.4 网上招聘系统需求规格说明书

网上招聘系统需求规格说明书的内容及要求见如下实例。

1　引言

1.1　项目名称：×××公司网上招聘系统

1.2　项目背景和内容概要

（项目的委托单位、开发单位、主管部门、与其他项目的关系、与其他机构的关系等）

本文档是信息技术有限公司在××单位的人力资源管理系统合同基础上编制的。本文档的编写为后续阶段的设计、开发提供依据，为项目组成员对需求的详尽理解以及在开发过程中的协同工作提供强有力的保证。同时，本文档也作为项目评审验收的依据之一。

1.3　相关资料、缩略语、定义

（相关项目计划、合同及上级机关批文，引用的文件、采用的标准等）

（缩写词和名词定义）

定义所使用的术语。对于易混淆的客户常用语要有明确规定定义。例如，"用户"是指客户的雇员而非软件的最终购买者等。

2　任务概述

2.1　目标

关于用户对网上招聘系统的功能和性能的要求，重点描述网上招聘系统的功能需求，是概要设计的重要输入。

2.2　范围

该文档是借助于当前系统的逻辑模型导出目标系统的逻辑模型，没有涉及开发技术，主要通过建立模型的方式来描述用户的需求，为用户、开发方等不同参与方提供一个交流的平台。

2.3　假定条件与约束限制

（尽量列出开展本项目的假定和约束，如经费限制、开发期限、设备条件、用户现场环境等）

3　功能及业务流程

招聘过程分为职位发布、简历筛选、面试、笔试、录用几个环节。

（1）职位发布管理

当某个岗位出现空缺时，或者随着公司的业务发展需要招聘新员工时，通过这个模块发布职位需求信息。发布后的职位可以进行修改。另外，需要提供职位发布查询的功能，查询已发布的职位，并对已发布的职位录入应聘者信息。

（2）简历管理

招聘流程的第二个环节为简历筛选环节，分两步来完成：首先是简历登记，然后是简历筛选。另外，还提供有效简历查询的功能，以查询系统中通过简历筛选且未被删除的简历。

简历登记分两种情况。一种情况是应聘者通过应聘某职位而跳转到简历登记页面，填写简历信息，这种情况职位分类和职位名称已经自动填好，不可以更改；另一种情况是应聘者直接使用简历登记功能，单击"填写简历"，然后单击"职位分类"→"职位名称"，选择系统中存在的职位分类和职位名称。

（3）面试管理

管理分两个方面：查询出被推荐面试的简历，进行面试，并登记面试结果，以及对面试结果进行筛选。

（4）招聘考试题库管理

笔试考试采用机试自动评卷的方式，所以考试题库采取标准化选择试题的方式组织。为了便于出卷，每道试题都需要选择试题分类。试题分类在系统管理模块进行设置。

（5）招聘考试管理

招聘考试分4步进行，即考试出题、考试答题、考试阅卷以及成绩查询筛选。

（6）录用管理

首先根据面试或笔试环节推荐录用的简历，进行复核，然后正式提交录用申请。经过人事经理审批，该应聘者就成为正式员工。招聘业务流程如图3-5所示。

4　数据描述

4.1　原始数据描述（由于原始数据过多，以下以职位发布管理为例进行文档描述）

（1）输入数据

1）职位发布登记环节

录入的数据包括Ⅰ级机构、Ⅱ级机构、Ⅲ级机构、招聘类型、职位分类、职位名称、招聘人数、截止日期、职位描述和招聘要求，还包括发布职位的登记人、登记时间。

2）职位发布变更环节

招聘类型、招聘人数、截止日期、变更人、职位描述、招聘要求，这些字段都可以修改，提交时需要验证必输字段。

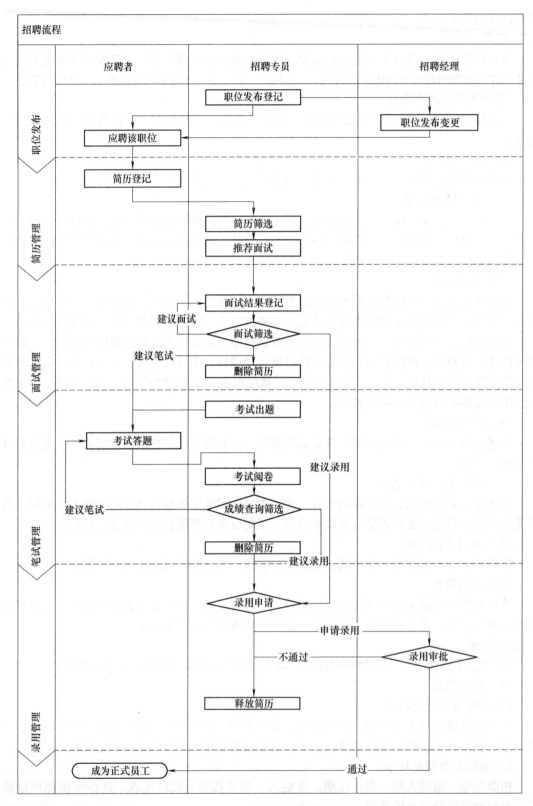

图 3-5 招聘业务流程图

3）职位发布查询环节

系统分页列出已发布职位。选择某一职位可查看其明细，申请该职位则跳转到简历登记功能。

（2）输出数据

1）职位发布登记界面

2）职位发布变更列表界面、职位明细修改界面

3）职位发布查询列表界面，职位发布查询界面、职位明细显示界面，简历登记界面

4.2 数据流向图

招聘数据流向图如图3-6所示。

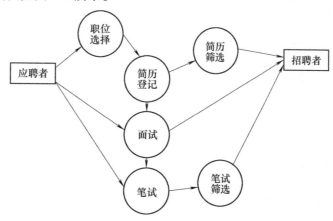

图3-6 招聘数据流向图

5 界面要求

界面内容：主题突出，相关术语明确，菜单设置合理，界面布局规范，内容丰富，文字准确，语句通顺。

导航结构：具有明确的导航指示，方便用户使用。

技术环境：界面大小适当，能用各种常用浏览器以不同分辨率浏览，无错误链接和空链接。

艺术风格：界面版面形象清晰，布局合理，字号大小适宜，字体选择合理，前后一致，动与静搭配恰当，色彩和谐自然，与主题内容相协调。

6 性能需求

6.1 可靠性需求

系统应保证7×24h内不宕机，保证20人可以同时在客户端登录，此时系统能正常运行，正确提示相关内容。

6.2 安全性需求

系统有严格的权限管理功能，各功能模块需有相应的权限方能进入。系统需能够防止各类误操作可能造成的数据丢失、破坏，防止用户非法获取网页以及内容。

6.3 时间特性要求

无论是客户端还是管理端，当用户登录，进行任何操作的时候，系统应该及时地进行反应，反应时间应在5s以内。系统能监测出各种非正常情况，如与设备的通信中断，无法连

接数据库服务等，以避免出现长时间等待甚至无响应。

6.4 可维护性和可扩展性

本系统的应用平台设计选择 B/S 结构，采用基于 Java 技术并且符合 J2EE 开发规范的系统应用平台，使系统具有良好的可维护性和可扩展性。

7 运行环境需求

本系统无论是客户端的应聘者还是管理端的管理员都可以通过网络登录到本系统中。系统运行的环境如下：

客户机：普通 PC

CPU：P4 2.0GHz 以上

内存：256MB 以上

能够运行 IE 6.0 以上版本的机器

WEB 服务器：

CPU：P4 2.0GHz 以上

内存：1GB 以上

硬盘：80GB 以上

数据库服务器：

CPU：P4 2.0GHz 以上

内存：1GB 以上

硬盘：80GB 以上

8 需求确认

经双方评审确认，此需求说明书描述的功能符合××公司的实际业务流程，满足实际需要。以此文档作为人力资源管理系统项目的开发、验收依据。

【确认签字】

甲方：××公司   乙方：××信息技术有限公司

代表：   代表：

日期：　年　月　日   日期：　年　月　日

小　结

需求分析是软件生存周期的一个重要阶段，它最根本的任务是确定为了满足用户的需要系统必须做什么，所以要更注意与用户的交流和沟通，对用户提出的要求需要进一步明确，最后达到开发人员和用户取得完全一致的意见，从而得出更详细、更准确的系统逻辑模型。在需求分析过程中不但要画更详细的数据流图和数据字典，还要利用 E-R 图、层次框图、Warnier 图或 IPO 图等图形工具辅助描绘系统中的模型和数据结构，从而提高文档的可读性和可理解性。

习 题 3

1. 为什么可行性研究代替不了需求分析?

2. 软件需求分析阶段的任务是什么?

3. 为方便旅客,某航空公司拟开发一个机票预订系统。旅行社把预订机票的旅客信息(姓名、性别、工作单位、身份证号码、旅行时间、旅行目的地等)输入进该系统,系统为旅客安排航班,打印出取票通知和账单,旅客在飞机起飞的前一天凭取票通知和账单交款取票,系统校对无误即打印出机票给旅客。

(1)画出描绘系统详细功能需求的数据流图。

(2)写出它的需求说明。

(3)画出系统的顶层 IPO 图。

4. 目前住院病人主要由护士护理,这样做不仅需要大量护士,而且由于不能随时观察危重病人的病情变化,还会延误抢救时机。某医院打算开发一个以计算机为中心的患者监护系统,请写出问题定义,并且分析开发这个系统的可行性。

医院对患者监护系统的基本要求是随时接收每个病人的生理信号(脉搏、体温、血压、心电图等),定时记录病人情况以形成患者日志,当某个病人的生理信号超出医生规定的安全范围时向值班护士发出警告信息,此外,护士在需要时还可以要求系统打印出某个指定病人的病情报告。

(1)画出描绘系统详细功能需求的数据流图。

(2)写出它的需求说明。

(3)画出系统的顶层 IPO 图。

第4章 概要设计

本章主要介绍软件设计的目标、任务、基本原理、设计时主要遵循的规则以及概要设计阶段常用的图形工具和具体的结构化设计方法。

了解软件设计的目标、任务和过程，掌握模块化、抽象、信息隐蔽、模块独立等软件设计的原理和设计时遵循的启发规则，重点掌握层次图、HIPO 图、结构图、程序系统结构图等概要设计阶段常用的几种图形工具和结构化设计的基本概念及设计过程，并通过网上招聘系统概要设计说明书这一实例，掌握概要设计阶段文档写作的技巧和方法。

4.1 软件设计的目标和任务

4.1.1 软件设计的目标

软件设计或面向过程的软件设计的目标是根据软件需求、功能和性能等需求规格说明书中描述的用户需求，进行数据设计、系统结构设计、过程设计。

1. 数据设计

数据设计主要侧重于数据结构的定义，就是把需求分析中的层次框图或 Warnier 图表示的数据结构，参考数据字典中的内容，从程序设计角度进行合理的数据结构设计。概要设计人员要从编程角度出发，分析数据之间的依赖性，数据结构的种类，如何定义数据以及如何处理数据冗余等问题。

2. 系统结构设计

系统结构设计将定义软件系统各主要成分之间的关系。

3. 过程设计

过程设计就是把结构成分转换成软件的过程性描述。

4.1.2 软件设计的任务

1. 概要设计

概要设计（也称为系统设计）阶段是将软件需求转化为数据结构和软件的系统结构。这个阶段的工作是划分出组成系统的物理元素——程序、文件、数据库、人工过程和文档等，但是每个物理元素仍然处于黑盒子级，这些黑盒子里的具体内容将在以后的详细设计阶段实现。概要设计阶段的另一项重要任务是设计软件的系统结构，也就是要确定系统中每个程序是由哪些模块组成的，以及这些模块相互间的关系。

2. 详细设计

详细设计（也称为过程设计）阶段主要通过对结构表示进行细化，得到软件的详细的数据结构和算法。详细设计阶段不是具体编写程序而是要设计出程序的"蓝图"，以后程序员将根据这个蓝图写出实际的程序代码。

4.2 概要设计的过程

概要设计过程通常由系统设计和结构设计两个主要阶段组成。其中，系统设计确定系统的具体实现方案；结构设计确定软件结构。概要设计的典型过程具体阐述如下。

1. 设想供选择的方案

需求分析阶段得出的数据流图是概要设计的极好出发点，在概要设计阶段开始时只有系统的逻辑模型。因此，系统分析员应该考虑数据流图中处理分组的各种可能方案，并且力求从中选出最佳方案。一旦选出了最佳的方案，将大大提高系统的性能/价格比。

2. 选取合理的方案

应该从前一步得到的一系列供选择的方案中选取若干合理的方案，通常至少选取低成本、中等成本和高成本的三种方案。在判断哪些方案合理时，应该考虑在问题定义和可行性研究阶段确定的工程规模和目标，有时可能还需要进一步征求用户的意见。

对每个合理的方案，分析员都应该准备下列 4 份资料：

1）系统流程图。完全从软件角度来画系统的流程。

2）组成系统的物理元素清单。物理元素一般包括系统、子系统、模块、子模块、函数、子函数等。

3）成本效益分析。从多个不同开发路线中选择一个安全性好的，软件质量符合标准的，最省钱的开发路线。

4）实现该系统的进度计划。做一份针对每个员工工作进程的详细进度计划。

3. 推荐最佳方案

系统分析员应该综合分析对比各种合理方案的利弊，推荐一个最佳的方案，并且为推荐的方案制订详细的实现计划。

用户和有关的技术专家应该认真审查分析员所推荐的最佳方案，如果该方案确实符合用户的需要，并且在现有条件下完全能够实现，则应该让使用部门负责人进一步审批。在使用部门的负责人也接受了系统分析员所推荐的方案之后，将进入概要设计过程的下一个重要阶段——结构设计。

4. 功能分解

为了最终实现目标系统，必须设计出组成这个系统的所有程序和文件（或数据库）。对程序（特别是复杂的大型程序）的设计，通常分为两个阶段完成：首先进行结构设计，然后进行过程设计。结构设计确定程序由哪些模块组成以及这些模块之间的关系，过程设计确定每个模块的具体处理过程。

为确定软件结构，首先需要从实现角度把复杂的功能进一步分解。系统分析员结合算法描述，仔细分析数据流图中的每个处理，如果一个处理的功能过分复杂，必须把它的功能适当地分解成一系列比较简单的功能。一般说来，经过分解之后应该使每个功能对大多数程序员而言都是明显易懂的。功能分解导致数据流图的进一步细化，同时还应该用IPO图或其他适当的工具简要描述细化后每个处理的算法。

5. 设计软件结构

根据模块化的思想，通常程序中的一个模块完成一个适当的子功能。应该把模块组织成良好的层次系统，顶层模块调用它的下层模块以实现程序的完整功能，每个下层模块再调用更下层的模块，从而完成程序的一个个子功能，最底层的模块完成最具体的功能。因此，软件结构（即由模块组成的层次系统）可以用层次图或结构图来描绘。

6. 数据库设计

如果该系统涉及使用数据库，系统分析员应该在需求分析阶段（分析系统的数据要求）的基础上进一步设计数据库。数据库设计通常包括下述4个步骤：

（1）模式设计

模式设计的目的是确定物理数据库结构。第三范式形式的实体及关系数据模型是模式设计过程的输入，模式设计的主要问题是处理具体的数据库管理系统的结构约束。

（2）子模式设计

子模式设计是对用户使用的数据视图的设计。

（3）完整性和安全性设计

完整性和安全性设计主要是防止数据库中存在不符合语义规定的数据和防止因错误信息的输入输出造成无效操作或错误信息。

（4）优化

主要目的是改进模式和子模式以优化数据的存取。

7. 制订测试计划

测试计划详细规定测试的要求，包括测试的目的、内容、方法以及测试的准则等。由于测试的内容可能涉及软件的需求和设计，因此必须及早开始测试计划的编写工作，不应在测试时才开始考虑测试计划。通常测试计划的编写从需求分析阶段开始，到软件设计阶段结束时完成。

8. 书写文档

应该用正式的文档记录概要设计的结果，在这个阶段应该完成的文档通常有以下几种。

（1）系统说明书

系统说明书的主要内容包括用系统流程图描绘的系统构成方案，精化的数据流图；用层次图或结构图描绘的软件结构，用IPO图或其他工具（如PDL语言）简要描述的各个模块的算法，模块间的接口关系，以及需求、功能和模块三者之间的关系等。

（2）用户手册

根据概要设计阶段的结果，修改更正在需求分析阶段产生的初步的用户手册。

（3）测试计划

测试计划包括测试策略、测试方案、预期的测试结果、测试进度计划等。

（4）详细的实现计划

（5）数据库设计结果

如果目标系统中包含数据库，则应该用正式文档记录数据库设计的结果。通常，包括数据库管理系统的选择、模式、子模式、完整性和安全性以及优化方法等。

9. 审查和复审

最后应该对概要设计的结果进行严格的技术审查，在技术审查通过之后再由使用部门的负责人从管理角度进行复审。

4.3 软件设计的原理

本节讲述在软件设计过程中应该遵循的基本原理和有关的概念。

4.3.1 模块化

模块是数据说明、可执行语句等程序对象的集合，它是单独命名的而且可通过名字来访问。例如，过程、函数、子程序、宏等都可作为模块。模块化就是把程序划分成若干模块，每个模块完成一个子功能，把这些模块集合起来组成一个整体，可以完成指定的功能，在软件的体系结构中，模块是可组合、分解和更换的单元。模块具有以下几种基本属性：

1）接口。指模块的输入和输出。

2）功能。指模块实现什么功能。

3）逻辑。描述模块的运行环境，即模块的调用与被调用关系。

模块化是软件解决复杂问题所具备的手段，下面用问题的复杂性和工作量的关系进行推理。

设函数 $C(x)$ 定义问题 x 的复杂程度，函数 $E(x)$ 确定解决问题 x 需要的工作量。对于两个问题 P_1 和 P_2，如果

$$C(P_1) > C(P_2)$$

即 P_1 比 P_2 复杂，那么有

$$E(P_1) > E(P_2)$$

即问题越复杂，所需要的工作量越大。

根据人类解决一般问题的经验，另一个有趣的规律是

$$C(P_1 + P_2) > C(P_1) + (P_2)$$

即一个问题由某两个问题组合而成，那么它的复杂程度大于分别考虑每个问题时的复杂程度之和。这样可以推出

$$E(P_1 + P_2) > E(P_1) + (P_2)$$

由此可知，开发一个大而复杂的软件系统，将它进行适当的分解。这样不但可降低其复杂性，还可减少开发工作量，从而降低开发成本，提高软件生产率，这就是模块化的依据。但是，随着模块数目的增加，设计模块间接口所需要的工作量也将增加。根据这两个因素，得出了图4-1中的总成本曲线。每个程序都相应地有一个最适当的模块数目 M，使得系统的开发成本最小。

虽然目前还不能精确地决定 M 的数值，但是在考虑模块化的时候总成本曲线确实是有用的指南。

采用模块化原理可以使软件结构清晰，不仅容易设计，也容易阅读和理解。因为程序错

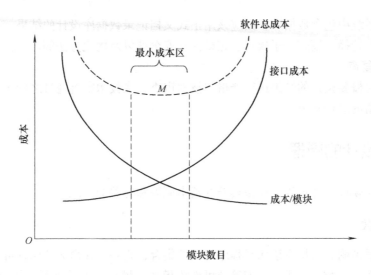

图 4-1　模块化和软件成本

误通常局限在有关的模块及它们之间的接口中，所以模块化使软件容易测试和调试，故而有助于提高软件的可靠性。因为变动往往只涉及少数几个模块，所以模块化能够提高软件的可修改性。模块化也有助于软件开发工程的组织管理，一个复杂的大型程序可以由许多程序员分工编写不同的模块，并且可以进一步分配技术熟练的程序员编写困难的模块。

4.3.2　抽象

抽象是认识复杂过程中的思维工具，就是抽出事物的本质特性而暂时不考虑它们的细节。在软件系统进行模块设计时，可有不同的抽象层次。在最高的抽象层次上，可以使用问题所处环境的语言概括地描述问题的解法。在较低的抽象层次上，则采用过程化的方法。

1. 过程的抽象

软件工程实施过程中，从系统定义到实现，每进展一步都可以看作对软件解决方法的抽象化过程的一次细化。在软件需求分析阶段，用"问题所处环境为大家所熟悉的术语"来描述软件的解决方法。在从概要设计到详细设计的过程中，抽象化的层次逐次降低。当产生源程序时到达最低抽象层次。

2. 数据抽象

数据抽象是在不同层次上描述数据对象的细节，定义与该数据对象相关的操作。它实际上是跟数据结构相关联的，前面讲的层次框图和 Warnier 图实际上就是一种数据结构的抽象，在面向对象里还会有进一步的数据抽象的方法。

【例 4.1】　开发一个 CAD 软件时的三种抽象层次。

（1）过程抽象

抽象层次 Ⅰ. 用问题所处环境的术语来描述这个软件。

该软件包括一个计算机绘图界面，向绘图员显示图形以及一个数字化仪界面，用以代替绘图板和丁字尺。所有直线、折线、矩形、圆及曲线的描画，所有的几何计算，所有的剖面图和辅助视图都可以用这个 CAD 软件实现。

抽象层次 Ⅱ. 任务需求的描述。

CAD SOFTWARE TASKS

    user interaction task；

    2- D drawing creation task；

    graphics display task；

    drawing file management task；

    end

在这个抽象层次上，未给出"怎样做"的信息，不能直接实现。

抽象层次Ⅲ. 程序过程表示。以 2- D（二维）绘图生成任务为例。

PROCEDURE：2- D drawing creation

REPEAT UNTIL（drawing creation task terminates）

DO WHILE（digitizer interaction occurs）

    digitizer interface task；

DETERMINE drawing request CASE；

    Line：line drawing task；

    Rectangle：rectangle drawing task；

    Circle：circle drawing task；

……

（2）数据抽象

在不同层次上描述数据对象的细节，定义与该数据对象相关的操作。例如，在 CAD 软件中，定义一个叫作 drawing 绘图的数据对象。可将 drawing 规定为一个抽象数据类型，定义它的内部细节如下。

TYPE drawing IS STRUCTURE

DEFIND

    number IS STRING LENGTH（12）；

    geometry DEFIND …

    notes IS STRING LENGTH（256）；

BOM DEFIND

END drawing TYPE；

数据抽象 drawing 本身由另外一些数据抽象，如 geometry、BOM（Bill Of Materials）构成。定义 drawing 的抽象数据类型之后，可引用它来定义其他数据对象，而不必涉及 drawing 的内部细节，如定义 blue- print IS INSTANCE OF drawing 或 schematic IS INSTANCE OF drawing。

4.3.3　信息隐蔽

通过抽象，可以确定组成软件的过程实体。通过信息隐蔽，可以定义和实施对模块的过程细节和局部数据结构的存取限制。模块中所包含的信息（包括数据和过程）不允许其他不需要这些信息的模块使用。不需要向外公开的信息就不必要给出，如果给出来就会白白增加了接口的复杂性，所以信息屏蔽就是把内部的东西屏蔽掉，不让外部数据泄露出去。因此，可以利用信息隐蔽原理进行设计和确定模块，使得一个模块内包含的信息（过程和数据）对于不需要这些信息的模块来说是不能访问的。

4.3.4 模块独立

模块独立的概念是模块化、抽象、信息隐蔽和局部化概念的直接结果。每个模块完成一个相对独立的子功能，并且与其他模块间的接口简单。若一个模块只具有单一的功能且与其他模块没有太多的联系，则称此模块具有模块独立性。

衡量模块独立程度的定性标准是耦合和内聚。耦合是对模块之间互相连接的紧密程度的度量，好似藕断丝连，如果一个"藕"被切断之后中间的"丝"非常多，说明切断后的两个耦结合非常紧，耦合就是评判两个模块之间联系的多少。内聚则是对一个模块内部各个元素彼此结合的紧密程度的度量。

1. 耦合

耦合是对一个软件结构内不同模块之间互连程度的度量。耦合强弱取决于模块间接口的复杂程度、进入或访问一个模块的点以及通过接口的数据。

（1）非直接耦合

非直接耦合是指两个模块之间没有直接的关系，它们分别从属于不同模块的控制与调用，它们之间不传递任何信息。因此，模块间的这种耦合性最弱，模块独立性最高。

（2）数据耦合

如果两个模块彼此间通过参数交换信息，而且交换的信息仅仅是数据，那么这种耦合称为数据耦合。数据耦合是低耦合。

（3）标记耦合

模块间通过参数传递复杂的内部数据结构，称为标记耦合。此数据结构的变化将使相关的模块发生变化。

（4）控制耦合

如果传递的信息中有控制信息（尽管有时这种控制信息以数据的形式出现），则这种耦合称为控制耦合。控制耦合是中等程度的耦合，它增加了系统的复杂程度，在把模块适当分解之后通常可以用数据耦合代替它。

（5）公共耦合

当两个或多个模块通过一个公共数据相互作用时，它们之间的耦合称为公共耦合。公共数据可以是全程变量、共享的通信区、内存的公共覆盖区、任何存储介质上的文件、物理设备等。如果两个模块共享的数据很多，都通过参数传递可能很不方便，这时可以利用公共耦合。

（6）内容耦合

当发生一个模块访问另一个模块的内部数据时，或一个模块不通过正常入口而转到另一个模块的内部，或两个模块有一部分程序代码重叠（只可能出现在汇编程序中），或一个模块有多个入口（这意味着一个模块有几种功能）时，两个模块间就发生了内容耦合。应该坚决避免使用内容耦合。事实上许多高级程序设计语言已经设计成不允许在程序中出现任何形式的内容耦合。从非直接耦合到内容耦合，耦合性从低到高，模块独立性从强到弱，模块的耦合性与模块的独立性关系如图4-2所示。

图4-2说明，耦合性越高，模块独立性越弱；耦合性越低，模块独立性越强。因此，在

图4-2　模块的耦合性与模块的独立性关系

软件设计中应该追求尽可能松散耦合的系统。在这样的系统中可以研究、测试或维护任何一个模块，而不需要对系统的其他模块有很多了解。此外，由于模块间联系简单，发生在一处的错误传播到整个系统的可能性就很小。

2. 内聚

内聚标志一个模块内各个元素彼此结合的紧密程度，它是信息隐蔽和局部化概念的自然扩展。简单地说，理想内聚的模块只做一件事情。

（1）功能内聚

如果一个模块中各个部分都是完成某一具体功能必不可少的组成部分，或者说，该模块中所有部分都是为了完成一项具体功能而协同工作、紧密联系、不可分割的，则称该模块为功能内聚模块。

（2）顺序内聚

一个模块中各个处理元素都密切相关于同一功能且必须顺序执行，前一功能元素输出就是下一功能元素的输入，则称该模块为顺序模块。

（3）通信内聚

如果一个模块内各功能部分都使用了相同的输入数据或产生了相同的输出数据，则称之为通信内聚模块。通常，通信内聚模块是通过数据流图来定义的。

（4）过程内聚

使用流程图作为工具设计程序时，把流程图中的某一部分划出组成模块，就得到过程内聚模块。例如，把流程图中的循环部分、判定部分、计算部分分成三个模块，这三个模块都是过程内聚模块。

（5）时间内聚

时间内聚又称为经典内聚。这种模块大多为多功能模块，但模块的各个功能的执行与时间有关，通常要求所有功能必须在同一时间段内执行。例如初始化模块和终止模块。

（6）逻辑内聚

逻辑内聚模块把几种相关的功能组合在一起，每次被调用时，由传送给模块的判定参数来确定该模块应执行哪一种功能。

（7）偶然内聚

偶然内聚又称为巧合内聚。当模块内各部分之间没有联系，或者即使有联系，这种联系也很松散，则称这种模块为巧合内聚模块，它是内聚程度最低的模块。

从功能内聚到偶然内聚，内聚性从高到低，模块独立性从强到弱，内聚性与模块独立性关系如图4-3所示，设计时应该力求做到高内聚，通常中等程度的内聚也是可以采用的，而且效果和高内聚相差不多，但是低内聚尽量不要使用。

图 4-3 模块的内聚性与模块的独立性关系

4.4 启发规则

启发规则是软件结构设计优化准则，而软件概要设计的任务就是软件结构的设计。为了提高设计的质量，必须根据软件设计原理设计软件，利用启发规则优化软件结构。

4.4.1 改进软件结构提高模块独立性

概要设计过程中，划分模块时，争取做到低耦合、高内聚，就是增加模块内聚，减少模块耦合，保持模块的相对独立性。

1）如果若干模块之间耦合强度过高，每个模块内功能不复杂，可将它们合并，以减少信息的传递和公共区的引用。

2）若有多个相关模块，应对它们的功能进行分析，消去重复功能。

4.4.2 模块规模适中

如果模块过大，不容易被理解，所以要适当地对模块进行分解，这时要注意分解后不应降低模块的独立性。如果模块太小，则模块接口开销过大。

4.4.3 适当控制深度、宽度、扇出、扇入

1）深度：结构图中模块分层的层数。

2）宽度：同一层上模块数的最大值。

3）扇出：一个模块扇出指这个模块能够直接调用的模块个数，一般设计时，扇出应当大于 3 而小于 9。

4）扇入：一个模块的扇入指直接调用这个模块的模块个数。

如图 4-4 所示，M 模块有 2 个扇出，没有扇入，因为 M 模块是顶级模块，所以顶级模块的扇入都为 0。A 模块只有 1 个扇入，没有扇出，B 模块有 1 个扇入，4 个扇出。C、D、E、F 四个模块，分别有 1 个扇入和 1 个扇出。G 模块有 4 个扇入，没有扇出。因为 G 模块是最底层模块，也就是叶子模块，所有的叶子模块的扇出都为 0。该结构图只有第三层横向模块数最多，为 4 个，所以结构图的宽度为 4，从上至下共有 4 层，

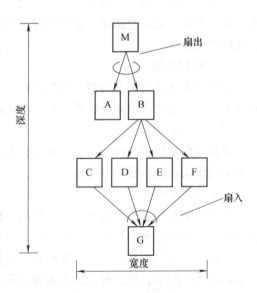

图 4-4 模块的深度、宽度、扇出与扇入

所以结构图的深度也为4。

在设计过程中需要注意，软件结构的深度、宽度、扇出、扇入应当适当。深度和宽度能粗略地反映系统的规模和复杂程度。设计时，深度不宜太大，太大说明分工过细；宽度与扇出有关，一个模块的扇出太多，说明这个模块过于复杂，缺少中间层；单一功能模块的扇入数大比较好，说明这个模块为上层几个模块共享的公用模块，重用率高。但不能把彼此无关的功能凑在一起形成一个通用的超级模块，虽然它的扇入高，但内聚低，因此非单一功能的模块扇入高时应重新分解，以消除控制耦合的情况。软件结构从形态上看，应是顶层扇出数较高一些，中间层扇出数较低一些，底层扇入数较高一些。

4.4.4 模块的作用域应该在控制域之内

软件设计时，由于存在不同事务处理的需要，某一层上的模块会存在着判定处理，这样可能影响其他层的模块处理。模块的作用域指受该模块内一个判定影响的所有模块的集合，一个模块的控制范围指模块本身及其所有能够直接或间接调用的模块的集合。一个模块的作用范围应在其控制范围之内，且条件判定所在的模块应与受其影响的模块在层次上尽量靠近。

4.4.5 力争降低模块接口的复杂程度

模块的接口要简单、清晰、含义明确、便于理解、易于实现、易于测试和维护。接口复杂可能表明模块的独立性差。例如：求一元二次方程根的模块为数组 quad_ root（tb1，x），其中用 tb1 传送方程系数，用 x 回送求得的根，这种传递信息的方法不利于对这个模块的理解，不仅在维护期易产生混淆，开发期间也可能产生错误，如果写成 quad_ root（a，b，c，root1，root2）后，接口就比较简单，其中 a、b、c 是方程系数，root1、root2 是算出的两个根。如果接口复杂性不一致（即看起来传递的数据之间没有联系）是紧耦合、低内聚的征兆，应该重新分析这个模块的独立性。

4.4.6 设计单入口单出口的模块

尽量设计单入口单出口的模块，以避免内容耦合，易于理解和维护。也就是说，模块只有一个入口和一个出口，信息从模块顶端进，从模块底端出，可以有效地避免内容耦合的发生，以这样的思想设计的软件比较易于理解和维护。

4.4.7 模块功能可预测

可以把一个模块当作一个黑盒，相同输入必产生相同输出，这样模块功能就可以预测。有一些带有内部"存储器"模块的功能是不可预测的，因为输出可能取决于内部存储器的状态。例如，模块中使用全局变量或静态变量，则由于全局变量和静态变量可能存储不同的结果，所以可能导致模块功能不可预测。

4.5 概要设计阶段使用的工具

4.5.1 层次图

层次图是描绘软件的层次结构，而不是数据结构。层次图同需求分析阶段描绘数据结构的层次框图相同,但表现的内容却完全不同。层次图是以层次的方式来描述软件的层次调用关系,是一种调用关系,是软件之间的过程或子过程或函数之间的层次模型,而不是数据结构。

层次图中的一个矩形框代表一个模块,方框间的连线表示调用关系而不是层次框图那样表示组成关系。这种层次图画起来是非常方便的,在层次图中只提出了模块,并没有深入到模块内部,也没有看到模块对整个软件的外部接口,所以层次图很适合于在自顶向下设计软件的过程使用。

如某文档处理系统软件中,正文加工系统模块可以调用输入、输出、编辑、加标题、存储、检索块、编目录、格式化等过程,而编辑又可以调用插入、添加、删除、修改等过程,为表示模块或过程之间的关系,可以画出它们的调用关系层次图如图4-5所示。

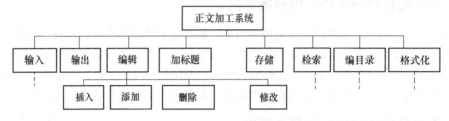

图4-5 正文加工系统的层次图

4.5.2 HIPO 图

HIPO 图是美国 IBM 公司发明的"层次图加输入/处理/输出图"的英文缩写。也就是说在层次图中加 IPO 图就得到了 HIPO 图。为了使 HIPO 图具有可追踪性,在 H 图(层次图)中除了最顶层的方框之外,其余每个方框都加了编号,编号规则和数据流图的编号规则相同,每个方框对应一张 IPO 图描绘此模块处理过程。在 HIPO 图中可以看到每一个模块对外的接口,以及向上向下分别的调用关系,每张 IPO 图内明显地标出它所描绘的模块在 H 图中的编号,可以方便追踪了解这个模块在软件结构中的位置,所以这种图形工具用得比较多。图4-6 为某宾馆客房管理的 HIPO 图。

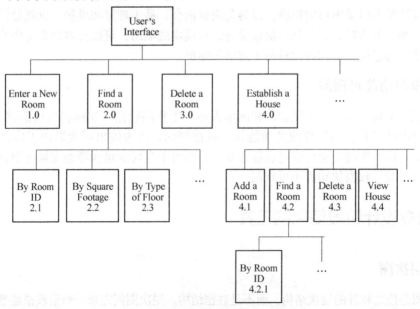

图4-6 某宾馆客房管理的 HIPO 图

4.5.3 结构图

结构图和层次图类似，也是描绘软件结构的图形工具，图中一个方框代表一个模块，框内注明模块的名字或主要功能，方框之间的箭头（或直线）表示模块的调用关系。因为，按照惯例总是图中位于上方的方框代表的模块调用下方的模块，即使不用箭头也不会产生二义性，如图 4-7 所示。

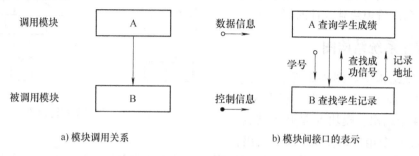

图 4-7　模块调用关系与模块间接口的表示

图 4-7a 表示一个模块调用另一个模块的关系图。为了简单起见，在结构图中通常还用带注释的箭头表示模块调用过程中来回传递的信息。如果希望进一步标明传递的信息是数据还是控制信息，则可以利用注释箭头尾部的形状来区分，尾部是空心圆表示传递的是数据，实心圆表示传递的是控制信息，如查询学生成绩模块调用查找学生记录模块时，将传递一个数据信息学号，调用完毕，返回一个查找成功信号和记录地址的数据信息，如图 4-7b 所示。结构图中还有一些附加的符号，可以表示模块的选择调用或循环调用。图 4-8a 表示当模块 M 中某个判定为真时调用模块 A，为假时调用模块 B。图 4-8b 表示模块 M 循环调用模块 T1、T2。

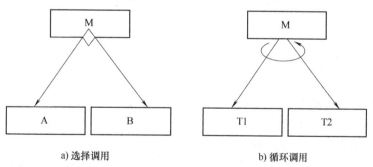

图 4-8　选择调用和循环调用的表示

注意，层次图和结构图并不严格表示模块的调用次序。虽然多数人习惯于按调用次序从左到右画模块，但并没有这种规定。出于其他方面的考虑（例如为了减少交叉线），也完全可以不按这种次序画。此外，层次图和结构图并不指明什么时候调用下层模块。通常上层模块中除了调用下层模块的语句之外还有其他语句，究竟是先执行调用下层模块的语句还是先执行其他语句，在图中丝毫没有指明。事实上，层次图和结构图只表明一个模块调用哪些模块，至于模块内还有没有其他成分则完全没有表示。

通常用层次图作为描绘软件结构的文档。结构图作为文档并不很合适，因为图上包含的信息太多有时反而降低了清晰程度。但是，利用 IPO 图或数据字典中的信息得到模块调用时传递的信息，从而由层次图导出结构图的过程，却可以作为检查设计正确性和评价模块独立性的好方法。

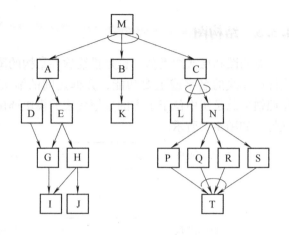

图4-9　程序系统结构图

4.5.4　程序系统结构图

程序系统结构图如图4-9所示，图中模块 M 有 0 个扇入，3 个扇出，模块 N 有 1 个扇入，4 个扇出。模块 K 是叶子结点，有 1 个扇入，0 个扇出，模块 I 没有扇出，模块 T 有 4 个扇入，通过扇出扇入，可以看到一个函数被调用的情况，也可以检查程序的结构是否合理，是否比较均匀。

4.6　结构化设计方法

面向数据流的设计方法定义了一些不同的"映射"，利用这些映射可以把数据流图变换成软件结构，推导出程序结构图。通常所说的结构化设计方法（简称 SD 方法），就是基于数据流的设计方法之上，在模块化、自顶向下逐步求精、结构化程序设计等软件设计技术的基础上发展起来的。这种方法与结构化分析（SA）相衔接，构成一个完整的结构化分析与设计技术，是目前使用最广泛的方法之一，适用于任何软件系统的结构化设计。

4.6.1　基本概念

1. 变换型数据流图

当外部有一些输入信息进入计算机后，通过一些数据变换产生输出流，输入流是外部表示，输入计算机内变成内部表示（内部表示不需用户知道），内部表示完成后要转换为输出格式作为输出流进行输出，完成信息变换，这种数据流叫作变换型数据流，也称变换流。事实上，所有信息流都可归结为变换流。输入流、输出流与变换流的关系如图4-10所示。

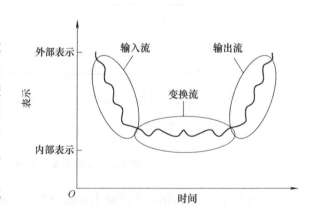

图4-10　输入流、输出流与变换流的关系

当数据流图以变换流为主，信息沿输入通路进入系统，同时由外部形式变换成内部形式，进入系统的信息通过变换中心，经加工处理以后再沿输出通路变换成外部形式离开软件系统，这样的数据流图叫作变换型数据流图，如图4-11所示。

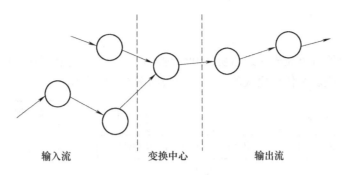

图 4-11 变换型数据流图

2. 事务型数据流图

当数据沿输入通路到达一个处理，这个处理将输入分为许多相互平行的加工路径，并根据输入数据的类型，选择某一加工路径，这种数据流叫作事务型数据流，或简称事务流。事务流的特点是有一个事务中心，好像电话服务中心，有接线员进行处理各种事务一样，能够根据事务类型对事务进行区分，不同信息要求可以给出不同的响应。当数据流图以事务流为主，基本形式是事务的请求都送到了事务中心，事务中心分析每个事务以确定它的类型，根据事务类型选取一条活动通路，分发到不同处理，这样的数据流图叫作事务型数据流图。如图 4-12 中，T 称为

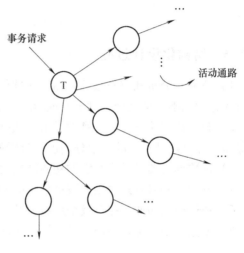

图 4-12 事务型数据流图

事务中心，它有三个功能，分别是用来接收输入数据、分析事务确定其类型和根据类型选取通道。

变换型和事务型是两种基本类型，在实际系统中往往是两种类型共存，形成变换 – 事务混合型。一般系统的整体通常是变换型，而某些局部又是事务型，可通过变换分析和事务分析技术导出相应的软件结构图。

4.6.2 系统结构图中的模块

1. 传入模块
传入模块是从下属模块取得数据，经过某些处理，再将其传送给上级模块。传入模块传送的数据流叫作逻辑输入数据流，画法如图 4-13a 所示。

2. 传出模块
传出模块是从上级模块获得数据，进行某些处理，再将其传送给下属模块。传出模块传送的数据流叫作逻辑输出数据流，画法如图 4-13b 所示。

3. 变换模块
变换模块是从上级模块取得数据，进行特定的处理，转换成其他形式，再传送回上级模块。变换模块加工的数据流叫作变换数据流。数据是从上往下，进行变换之后再传回去，画

法如图 4-13c 所示。

4. 协调模块

协调模块是对所有下属模块进行协调和管理的模块。数据有从下往上的，也有从上往下的，可认为是传入模块和传出模块的结合，画法如图 4-13d 所示。

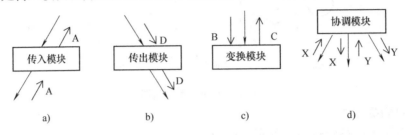

图 4-13　系统结构中的模块

4.6.3　结构化设计过程

1）研究、分析和审查数据流图。从软件的需求规格说明中弄清数据流加工的过程，检查有无遗漏或不合理之处，对于发现的问题及时解决并修改。

2）根据数据流图决定问题的类型。数据处理问题的典型类型有两种，分别是变换型和事务型，针对两种不同的类型分别进行分析处理。

3）由数据流图推导出系统的初始结构图。

4）利用一些启发式原则来改进系统的初始结构图，直到得到符合要求的结构图为止。

5）描述模块功能、接口及全局数据结构，修改和补充数据字典。

6）复查，如果出现错误，转入第二步修改完善；否则，进入详细设计，同时制定测试计划。

4.6.4　变换分析

变换型数据处理问题的工作过程大致分为三步，即取得数据、变换数据和给出数据。然后相应于取得数据、变换数据和给出数据转换成变换型系统结构图的输入、中心变换和输出等三部分。变换型的数据流图导出相应的软件结构图一般要经过以下步骤。

1. 确定数据流图（DFD）中的变换中心，逻辑输入、逻辑输出

如果不能准确地确定变换中心，则从物理输入端开始，沿数据流方向向系统中心寻找，直到有这样的数据流，它不能再被看作系统的输入时，而它的前一数据流就是系统的逻辑输入。同理，也可从物理输出端开始，逆数据流方向向中间移动，可以确定逻辑输出。介于逻辑输入和逻辑输出间的加工就是中心，如图 4-14 所示。

2. 设计软件结构的顶层和第一层——变换结构

软件结构的顶层就是主模块的位置，是总的控制模块，其功能是完成对所有模块的控制，其名称就是系统名称。软件结构的第一层一般至少有输入、变换、输出三种功能模块。要为每个逻辑输入设计一个输入模块，其功能是为顶层模块提供相应的数据，还要为每个逻辑输出设计一个输出模块，其功能是输出顶层模块的信息。同时，要为变换中心设计一个变换模块，它的功能是接收逻辑输入，对逻辑输入进行变换加工，然后再逻辑输出。这些模块间的数据传送应与数据流图相对应，如图 4-15 所示。

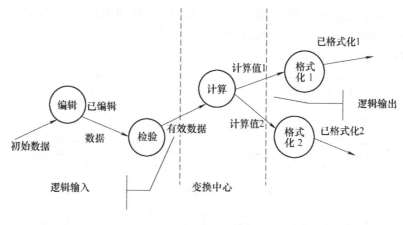

图 4-14 确定数据流图中的变换中心

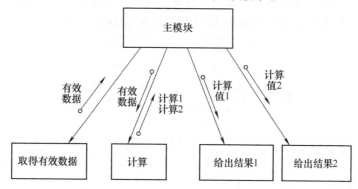

图 4-15 确定软件结构的顶层和第一层

3. 设计中、下层模块

对第一层模块按如下三部分自顶向下逐层分解。

1）输入模块下属模块的设计。输入模块应由两部分组成，一部分接收输入数据；另一部分是将数据按调用者的要求加工后提供给调用者。因此，为每个输入模块设计两个下属模块，一个接收数据；一个将数据转换成调用模块所需的信息。用类似的方法一直分解下去，直至物理输入端，如图 4-16 所示。

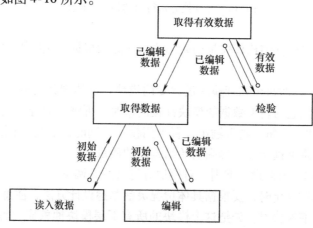

图 4-16 输入模块下属模块设计

2）输出模块下属模块的设计。输出模块为每个输出模块设计两个下属模块，一个将数据转换成下属模块所需的信息，一个发送数据。用类似的方法一直分解下去，直至物理输出端，如图4-17所示。

图4-17 输出模块下属模块设计

3）变换模块下属模块的设计。变换模块下属模块的设计没有硬性规定，一般应根据变换中心的组成情况，按照模块独立性原则，为每个基本加工建立一个功能模块。

通过以上步骤导出图4-14所示的数据流图的初始结构图4-18。

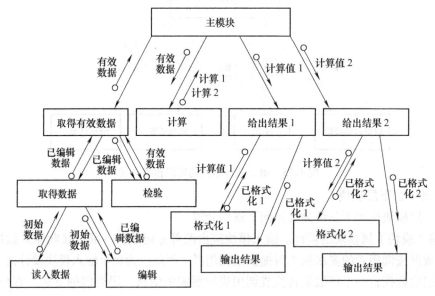

图4-18 经变换分析得出的初始结构图

4. 设计优化

以上步骤设计出的软件结构仅仅是初始结构，还必须根据优化准则对初始结构进行细化和改进。

1）输入部分优化。对每个物理输入设置专门模块，以体现系统的外部接口，其他输入模块并非真正输入，当它与转换数据的模块都很简单时，可将它们合并成一个模块。

2）输出部分优化。为每个物理输出设置专门模块，同时注意把相同或类似的物理输出模块合并在一起，以降低耦合度，提高初始结构图的质量。

3）变换部分优化。根据设计准则，对模块进行合并或调整。

总之，在软件结构优化时，要根据具体情况灵活掌握设计方法，注意抽象和逐步求精技术的使用。在设计当前模块时，先把这个模块的所有下层模块抽象成"黑盒"，并在系统设计中利用它们，而暂不考虑它们的内部结构和实现方法。由于已确定了模块的功能和输入、输出，在下一步可以对它们进行设计和加工，这样就逐步形成更多的模块，直至全部模块的确定。

4.6.5　事务分析

事务分析与变换分析一样，事务分析也是从分析数据流图开始，自顶向下，逐步分解，建立系统结构图。它们的主要差别仅在于由数据流图到软件结构的映射方法不同。

1. 确定数据流图（DFD）中的事务中心和加工路径

通常，当 DFD 中的某个加工具有明显地将一个输入数据流分解成多个发散的输出数据流时，该加工就是系统的事务中心，从事务中心辐射出去的数据流就是各个加工路径，如图 4-19 所示。

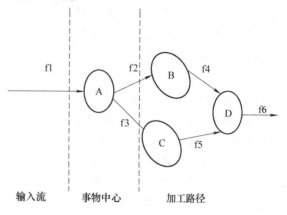

图 4-19　确定数据流图中的事务中心和加工路径

2. 设计软件结构的顶层和一层——事务结构

首先建立一个主模块，它位于第一层，用以代表整个加工。其功能是接收数据，并根据事务类型调度相应的处理模块，最后给出结果，如图 4-20 所示。所以第一层模块包括 3 类：取得事务、处理事务和输出结果。其中取得事务、处理事务构成事务型软件结构的主要部分——接收分支和发送分支。

1）接收分支。负责接收数据，映射出接收分支结构的方法和变换型 DFD 的输入部分相同，从事务中心的边界开始，把沿着接收流通路的处理映射成模块。

2）发送分支。通常包含一个调度模块，它控制下层的所有活动模块，然后，

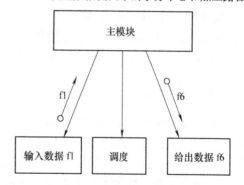

图 4-20　确定软件结构的顶层和第一层

把数据流图中的每个活动流通路映射成与它的数据流特征相对应的结构。

3. 设计中、下层模块并优化

设计各个事务模块下层的操作模块。事务模块下层的模块包括操作模块和细节模块。由于不同的事务处理模块可能有共同的操作，所以某些事务模块共享一些操作模块，同时不同的操作模块可能有共同的细节，所以某些操作模块共享一些细节模块。如此分解扩展，直至完成整个结构图，如图 4-21 所示。

用事务分析方法建立系统的结构图时应当注意的问题如下。

1）事务源的识别。利用数据流图和数据词典，从问题定义和需求分析的结果中，找各种需要处理的事务。通常，事务来自物理输入装置，而在变换型系统的上层模块设计出来之后，设计人员还必须区别系统输入、中心加工和输出中产生的事务。对于系统内部产生的事务，必须仔细地定义它们的操作。

2）注意利用公用模块。在事务分析的过程中，如果不同事务的一些中间模块可由具有类似的语法和语义的若干低层模块组成，则可以把这些低层模块构造成公用模块。

3）建立必要的事务处理模块。如果发现在系统中有相似的事务或联系密切的一组事务，可以把它们组成一个事务处理模块。但如果组合后的模块是低内聚的，则应该再打散重新考虑。

4）下层操作模块和细节模块的共享。下层操作模块的分解方法类似于变换分析，但要注意事务处理模块共享公用（操作）模块的情况。对于大型系统的复杂事务处理，还可能有若干层细节模块，应尽可能使类似的操作模块共享公用的细节模块。

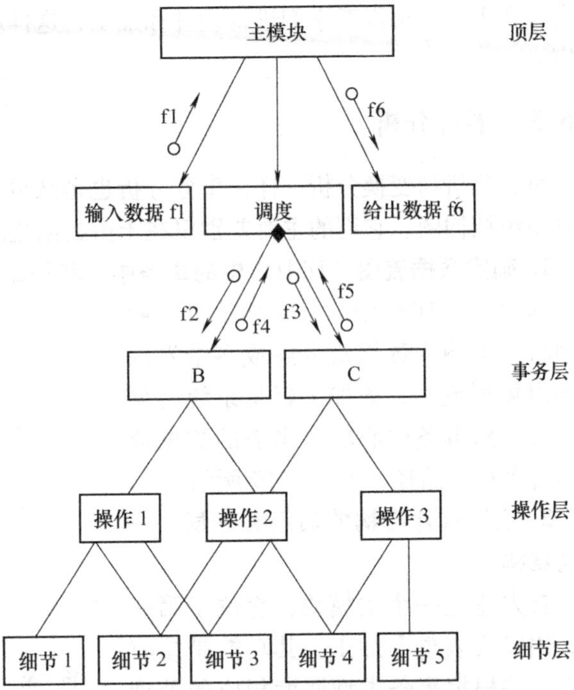

图 4-21　经事务分析得出的初始结构图

5）结构图的形式。事务型系统的结构图可能有多种形式，如有多层操作层，也可能没有操作层。另外，还可将调度功能归入事务中心模块，简化结构图（如图 4-21 所示）。

4.6.6　混合结构分析

变换分析是软件系统结构设计的主要方法。因为大部分软件系统都可以应用变换分析进行设计。但是，由于很多数据处理系统属于事务型系统，仅使用变换分析是不够的，还需使用事务处理方法补充。一般而言，一个大型的软件系统是变换型结构和事务型结构的混合结构。通常利用以变换分析为主，事务分析为辅的方式进行软件结构设计。

在系统结构设计时，首先利用变换分析方法把软件系统分为输入、中心变换和输出三个部分；然后设计上层模块，即主模块和第一层模块；最后根据数据流图各部分的结构特点，适当地利用变换分析或事务分析，即得到初始系统结构图的一个方案。

4.7　网上招聘系统概要设计说明书

网上招聘系统概要设计说明书的内容及要求见如下实例。

1　引言

1.1　（项目名称）×××公司网上招聘系统

1.2　项目背景和内容概要

本文档是信息技术有限公司在××单位的人力资源管理系统合同基础上编制的。

本文档的编写为下阶段的设计、开发提供依据，为项目组成员对需求的详尽理解以及在开发过程中的协同工作提供强有力的保证。

同时，本文档也作为项目评审验收的依据之一。

1.3 相关资料、缩略语、定义

2 概要设计

2.1 软件体系结构

图4-22为网上招聘系统总体结构框架图。网上招聘系统主要包括客户端子系统和管理端子系统。

客户端子系统主要为应聘者提供网上招聘的过程，应聘者通过选择合适的职位，填写个人简历，提交简历和测评结果一同传到服务器，供管理者挑选合适的简历。

管理端子系统主要实现题库管理，职位管理，职位发布，面试管理，简历管理，简历获取以及用户管理和系统管理等。

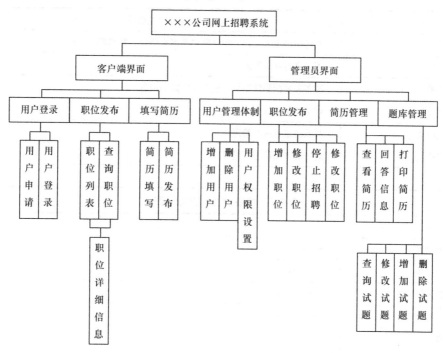

图4-22 ×××公司网上招聘系统总体结构框架图

2.2 子系统划分

应聘者通过互联网投递简历，招聘单位可以汇总简历，浏览简历，并通过测评选择合适的简历，通知面试，随机取卷进行笔答，方便企业与求职者交流。系统包括管理端子系统和客户端子系统。客户端子系统流程图与管理端子系统流程图如图4-23、图4-24所示。

2.3 程序模块划分和功能分配

此部分包括前端程序模块和后端存储过程的划分和功能分配，其中，

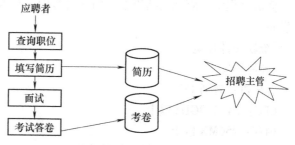

图4-23 客户端子系统流程图

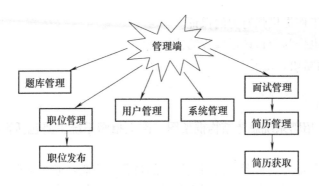

图4-24 管理端子系统流程图

系统功能－模块对照表见表4-1，模块－数据实体对照表见表4-2。

表4-1 功能-模块对照表

模块名	功能描述
登录模块	通过用户输入用户名和密码实现用户登录，并判断用户权限
题库管理模块	用于进行题库管理
职位发布模块	发布需要招聘的职位，包括职位详细信息
用户管理模块	对用户信息进行管理
系统管理模块	对系统信息进行管理
简历管理模块	对应聘者简历进行管理
⋮	

表4-2 模块-数据实体对照表

模块名	数据实体
题库管理模块	Shititiku
职位发布模块	Zhiweifabu
用户管理模块	Yonghuguanli
系统管理模块	Xitongguanli
简历管理模块	Jianliguanli
⋮	

2.4 人工处理过程

（描述不能完全自动处理，需人工处理的过程）

面试过程中，面试的结果要在面试过程中进行人工记录。面试结束后需要在网上进行信息发布。

3 系统软硬件环境

3.1 硬件环境

客户机：普通 PC

CPU：P4 2.0GHz 以上

内存：256MB 以上

能够运行 IE 6.0 以上版本的计算机

Web 服务器：

CPU：P4 2.0GHz 以上

内存：1GB 以上

硬盘：80GB 以上

数据库服务器：

CPU：P4 2.0GHz 以上

内存：1GB 以上

硬盘：80GB 以上

3.2 软件环境

操作系统：UNIX/Linux/Windows XP Professional 或以上版本

数据库：SQL Server 2000

开发工具包：JDK Version 1.42

Web 服务器：Tomcat

浏览器：IE 6.0 以上

4 用户界面设计

（和用户交互的最终界面在《详细设计说明书》中设计解释，在此只对系统的主界面和界面设计风格进行设计和描述。）

菜单栏用 JavaScript 和动态 HTML 以及 JSP 实现菜单功能。程序实现要求可以实现多极菜单，具体应用时只使用三级。菜单的样式是用来实现界面左侧的树状菜单。

从栏目表中取出数据，并显示在系统栏目位置。栏目的顺序和操作都是动态配置，并动态生成显示给用户。栏目显示在界面的上边，分单行显示。

5 数据库程序

包名是 com. nova. comm. database

5.1 数据连接资源

数据连接源用统一的数据库资源获取和释放程序，主要是实现得到数据库连接和释放连接以及释放结果集的语句。

5.2 数据库操作

统一的数据库操作，实现数据库的 insert、update、delete、select 操作，可以简化数据的操作。在 insert、update、delete、select 方法中，通过传入 SQL 语句（包括存储过程的调用语句）、参数以及参数值来执行数据库操作。

Select 方法返回 String（）类型的二维数组数据。其他操作返回操作的行数。

6 安全保密设计

（描述安全保密方案、权限的设置、保密算法、软件的实现方法等）

为确保系统的安全性，系统采取应用系统使用验证（操作员验证）、数据库登录验证两种验证方式相结合的方法验证用户。

安全性的要求还体现在以下方面。

1）建立安全的管理制度。

2）保证系统安全。

3）解决系统异常应急处理。

4）确保数据访问安全。

7 出错处理设计

小 结

概要设计阶段主要由两个小阶段组成。首先，需要进行系统设计，从数据流图出发，设想完成系统功能的若干种合理的物理方案，系统分析员应该仔细分析比较这些方案，并且和用户共同选定一个最佳方案。然后，进行软件结构设计，确定软件由哪些模块组成以及这些模块之间的动态调用关系。在这一阶段中，经常用层次图和结构图等图形工具来描绘软件结构。

习 题 4

1. 软件概要设计的基本任务是什么？
2. 将下图所示的数据流图转换为软件结构图。

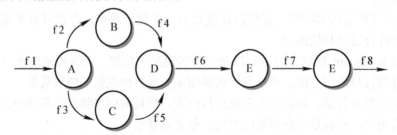

3. 设计一个由微处理器控制的家庭娱乐中心。家庭娱乐中心包括调幅、调频收音机，电视接收机，电唱机，传声器，电视摄像机（即一台电子扫描器，用于把幻灯片或电影的光图像转换成"电子图像"），录音机和录像机等设备。要求实现的功能有单放、单录、录放、定时播放或录制、检索及编辑。请问：

（1）自顶向下设计这个系统还是自底向上设计这个系统？是否分两个阶段进行设计？需要哪些信息才能做出决定？

（2）用软件还是用硬件来完成定时功能？请解释理由。

（3）画出这个系统的 HIPO 图。

（4）是否在系统中增加家庭计算机的功能？说明理由。

第 5 章　详　细　设　计

本章主要介绍软件详细设计的基本过程，详细设计阶段常用的图形工具以及面向数据结构的设计方法。

了解详细设计的基本任务，掌握结构化程序设计的方法，程序流程图、盒图、PAD 图、判定表与判定树、PDL 过程设计语言等详细设计的工具，以及面向数据结构的 Jackson 设计方法，并通过网上招聘系统详细设计说明书这一实例，掌握详细设计阶段文档写作的技巧和方法。

5.1　详细设计的过程

软件详细设计是软件工程的重要阶段，在详细设计过程中，细化高层的体系结构设计，将软件结构中的主要部件划分为能独立编码、编译和测试的软件单元，并进行软件单元的设计，同时确定了软件单元和单元之间的外部接口。优秀的详细设计在提高编码质量、保证开发周期、节约开发成本等各方面都起着非常重要的作用，是一个软件项目成功的关键保证。

5.1.1　详细设计的基本任务

详细设计的基本任务主要包括算法设计、数据结构设计、物理设计、其他设计、编写详细设计说明书、评审等。

1. 算法设计

算法设计是用某种图形、表格、语言等工具将每个模块处理过程的详细算法描述出来。

2. 数据结构设计

数据结构设计是为模块内的数据结构进行设计，即对于需求分析、概要设计确定的概念性的数据类型进行确切的定义。

3. 物理设计

物理设计是确定数据库的物理结构。物理结构主要指数据库的存储记录格式、存储记录安排和存储方法，这些都依赖于具体所使用的数据库系统。

4. 其他设计

根据软件系统的类型，还可能要进行以下设计。

1）代码设计。为了提高数据的输入、分类、存储及检索等操作的效率，对数据库中的某些数据项的值进行代码设计。

2）输入/输出格式设计。对输入/输出数据格式进行统一规格的设计。

3）人机对话设计。对于一个实时系统，用户与计算机需频繁对话，因此要进行对话方式、内容及格式的具体设计。

5. 编写详细设计说明书

对所有的设计要留有确切的文档，以备后续编码工作使用。

6. 评审

对处理过程的算法和数据库的物理结构要进行评审。

5.1.2 详细设计方法

详细设计并不是具体的编程序，而是已经细化成很容易从中产生程序的图纸，因此详细设计的结果基本决定了最终程序的质量。为提高软件的质量，延长软件的生存周期，一般采用结构化程序设计方法进行详细设计。其主要观点是采用自顶向下、逐步求精的程序设计方法，使用 5 种控制结构构造程序，如图 5-1 所示，并且每个代码块只有一个入口和一个出口。

（1）自顶向下、逐步求精

在需求分析、概要设计中，都采用了自顶向下、逐层细化的方法。在详细设计中，虽然是进行更详细、更具体的设计阶段，但在设计某个模块内部处理过程中，仍要逐步求精，降低处理细节的复杂度。

（2）具有单入、单出的控制结构。

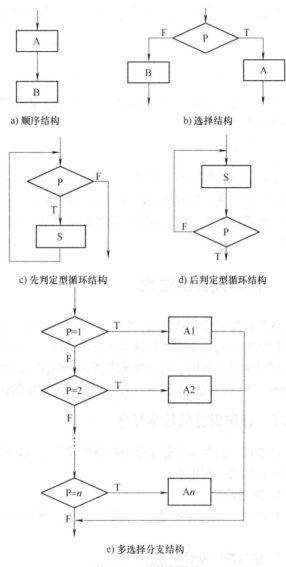

a) 顺序结构　　　　　　　　　b) 选择结构

c) 先判定型循环结构　　　　d) 后判定型循环结构

e) 多选择分支结构

图 5-1　5 种控制结构

5.2 详细设计阶段使用的工具

5.2.1 程序流程图

程序流程图又称程序框图，它是历史悠久、使用广泛的一种描述程序逻辑结构的工具。

图 5-2 所示为程序流程图的符号表示。其中，方框表示一个处理步骤；菱形代表一个逻辑条件；箭头表示控制流向。注意：程序流程图中使用的箭头代表控制流而不是数据流。

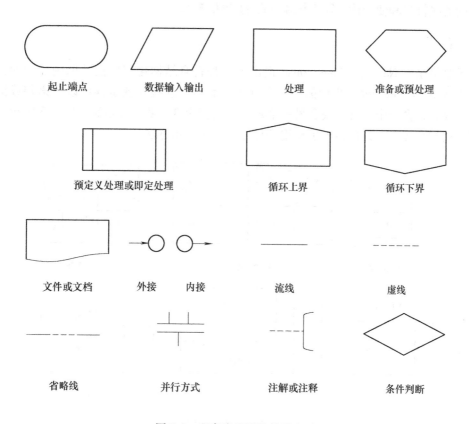

图 5-2 程序流程图的符号表示

在程序流程图中，采用三种控制结构来实现单入口、单出口的程序。它们分别是"顺序""选择""循环"。顺序控制结构主要用来构造实现过程的步骤，这些步骤是任一算法说明的基础。条件控制结构则提供按照某些逻辑发生选择处理的条件。循环控制结构提供循环处理。这三种控制结构对于结构化程序设计是最根本的。具体表示如图 5-1a ~ d 所示。

程序流程图的优点是直观清晰、易于使用，是开发者普遍使用的工具，但是它也存在以下缺点：

1）程序流程图本质上不是逐步求精的好工具，它诱使程序员过早地考虑程序的控制流程，而不去考虑程序的全局结构。

2）程序流程图中用箭头代表控制流，因此程序员不受任何约束，可以完全不顾结构程序设计的精神，随意转移控制。

3）程序流程图不易表示数据结构。

程序流程图与系统流程图主要有以下区别。

程序流程图以描述程序控制的流动情况为目的，表示程序中的操作顺序。程序流程图包括指明实际处理操作的处理符号，指明控制流的流线符号和便于读、写程序流程图的特殊符号。

系统流程图以描述信息在各部件间的流动为目的，表示系统的操作控制和数据流。系统流程图包括指明数据存在的数据符号，这些数据符号也可指明该数据所使用的媒体；定义要执行的逻辑路径以及指明对数据执行的操作的处理符号；指明各处理和（或）数据媒体间数据流的流线符号和便于读、写系统流程图的特殊符号。

5.2.2　盒图

盒图最早是由 Nassi 和 Shneiderman 提出的一种符合结构化程序设计原则的图形描述工具，又称 N-S 图。每个处理步骤都用一个盒子来表示，这些处理步骤可以是语句或语句序列，在需要时，盒子中还可以嵌套另一个盒子，嵌套深度一般没有限制。图 5-3 给出了结构化控制结构的盒图表示，也给出了调用子程序的盒图表示方法。

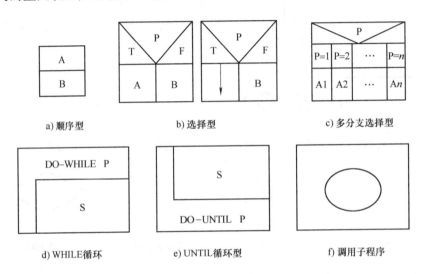

图 5-3　盒图的基本控制结构

任何一个盒图，都是前面介绍的基本控制结构相互组合与嵌套的结果。当问题很复杂时，盒图可能很大，在一张纸上画不下，这时，可给图中某些部分取个名字，在图中相应位置用名字（用椭圆框住的）而不是用细节去表现这些部分。然后在另外的纸上再把这些命名的部分进一步展开。盒图没有箭头，因此不允许随意转移控制，坚持使用盒图作为详细设计的工具，可以使程序员逐步养成用结构化的方式思考问题和解决问题的习惯。

5.2.3　问题分析图

问题分析图（Problem Analysis Diagram，PAD）自 1973 年由日本日立公司发明以后，已得到一定程度的推广。它是由程序流程图演化而来的，是一种由左往右展开的二维树结构，将这种图翻译成程序代码比较容易。图 5-4 给出了 PAD 的基本控制结构。

PAD 的符号支持自顶向下、逐步求精方法的使用。开始时设计者可以定义一个抽象的程序，随着设计工作的深入而使图形符号逐步增加细节，直至完成详细设计。

PAD 的主要优点如下。

1）使用表示结构化控制结构的 PAD 符号所设计出来的程序必然是结构化程序。

2）PAD 所描绘的程序结构十分清晰。图中最左面的竖线是程序的主线，即第一层结构。随着程序层次的增加，PAD 逐渐向右延伸，每增加一个层次，图形向右扩展一条竖线。PAD 中竖线的总条数就是程序的层次数。

3）用 PAD 表现程序逻辑，易读、易懂、易记。PAD 是二维树结构的图形，程序从图中最左竖线上端的结点开始执行，自上而下、从左向右顺序执行，遍历所有结点。

4）容易将 PAD 转换成高级语言源程序，这种转换可用软件工具自动完成，从而可省去人工编码的工作，有利于提高软件可靠性和软件生产率。

5）既可用于表示程序逻辑，也可用于描绘数据结构。

6）PAD 的符号支持自顶向下、逐步求精方法的使用。

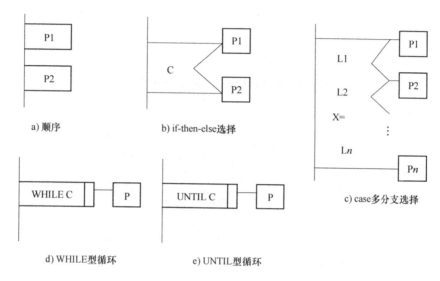

a) 顺序   b) if-then-else选择

c) case多分支选择

d) WHILE型循环   e) UNTIL型循环

图 5-4　PAD 的基本控制结构

5.2.4　判定表与判定树

判定表由 4 部分组成，分别是基本条件项、规则项、基本动作项、动作项。条件项列出各种可能的条件，规则项列出了各种可能的条件组合，基本动作项列出了所有的操作，动作项列出在对条件组合下所选的操作。

判定树又称决策树，是一种描述加工的图形工具，适合描述问题处理中具有多个判断，而且每个决策与若干条件有关。使用判定树进行描述时，应该从问题的文字描述中分清判定条件和判定的决策，根据描述材料中的连接词找出判定条件的从属关系、并列关系、选择关系，构造判定树。

【例 5.1】　航空行李托运费的算法。

按规定，重量不超过 30kg 的行李可免费托运。重量超过 30kg 时，对超运部分，头等舱国内乘客收 4 元/kg；其他舱位国内乘客收 6 元/kg；外国乘客收费为国内乘客的 2 倍；残疾乘客的收费为正常乘客的 1/2。

用判定表和判定树表示计算行李费的算法如图 5-5 和图 5-6 所示。

		1	2	3	4	5	6	7	8	9
条件	国内乘客		T	T	T	T	F	F	F	F
	头等舱		T	F	T	F	T	F	T	F
	残疾乘客		F	F	T	T	F	F	T	T
	行李重量 $W \leqslant 30$	T	F	F	F	F	F	F	F	F
动作	免费	×								
	$(W-30)\times 2$				×					
	$(W-30)\times 3$					×				
	$(W-30)\times 4$		×						×	
	$(W-30)\times 6$			×						×
	$(W-30)\times 8$						×			
	$(W-30)\times 12$							×		

图 5-5　用判定表表示计算行李费的算法

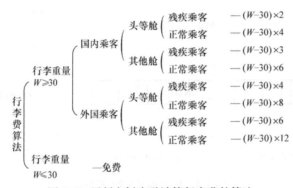

图 5-6　用判定树表示计算行李费的算法

5.2.5　过程设计语言

过程设计语言（PDL）也称为伪码，这是一个笼统的名称，现在有许多种不同的过程设计语言在使用。它是用正文形式表示数据和处理过程的设计工具。PDL 具有严格的关键字外部语法，用于定义控制结构和数据结构。另一方面，PDL 表示实际操作和条件的内部语法通常又是灵活自由的，以便可以适应各种工程项目的需要，因此，可以说 PDL 是一种"混杂"语言，它使用一种语言（通常是某种自然语言）的词汇，同时却使用另一种语言（某种结构化的程序设计语言）的语法。

1. PDL 的特点

1）关键字的固定语法，它提供了结构化控制结构、数据说明和模块化的特点。为了使结构清晰和可读性好，通常在所有可能嵌套使用的控制结构的头和尾都有关键字。

2）自然语言的自由语法，它描述处理特点。

3）数据说明的手段。应该既包括简单的数据结构（例如纯量和数组），又包括复杂的数据结构（例如链表或层次的数据结构）。

4）模块定义和调用的技术，应该提供各种接口描述模式。

2. PDL 的程序结构

（1）顺序结构

采用自然语言描述的顺序结构如下：

处理 S1

处理 S2

……

处理 Sn

（2）选择结构

1）IF- ELSE 结构

IF 条件   IF 条件

处理 S1   或   处理 S1

ELSE   ENDIF

处理 S2

ENDIF

2）IF- ORIF- ELSE

IF 条件 1 处理 S1

ORIF 条件 2

……

ELSE

处理 S2

ENDIF

3）CASE 结构

CASE OF

CASE（1）处理 S1

CASE（2）处理 S2

……

ELSE   处理 Sn

ENDCASE

（3）循环结构

1）FOR 结构

FOR i =1 TO n

循环体

ENDFOR

2）WHILE 结构

WHILE 条件

循环体

ENDWHILE

3）UNTIL 结构

REPEAT

　　　　　　循环体
　　　　　　UNTIL 条件
　　（4）出口结构
　　　　1）ESCAPE 结构（退出本层结构）
　　　　　WHILE 条件
　　　　　　处理 S1
　　　　　ESCAPE L IF 条件
　　　　　　处理 S2
　　　　　ENDWHILE
　　　　　L：……
　　　　2）CYCLE 结构（循环内部进入循环的下一次）
　　　　　L：WHILE 条件
　　　　　　处理 S1
　　　　　CYCLE L IF 条件
　　　　　　处理 S2
　　　　　　ENDWHILE
　　（5）扩充结构
　　　　1）模块定义
　　　　　PROCEDURE 模块名（参数）
　　　　　……
　　　　　RETURN
　　　　　END
　　　　2）模块调用
　　　　　CALL 模块名（参数）
　　　　3）数据定义
　　　　　DECLARE 属性　变量名，……
　　　　　属性有字符、整型、实型、双精度、指针、数组及结构等类型。
　　　　4）输入输出
　　　　　GET（输入变量表）
　　　　　PUT（输出变量表）

3. 举例理解 PDL

【例5.2】　查找拼错单词的程序

　　PROCEDURE 查找拼错单词
　　BEGIN
　　把这个文件分离成单词
　　查字典
　　显示字典中查不到的单词
　　造一新字典

END 查找拼错单词

对上面的算法细化

PROCEDURE 查找拼错单词

BEGIN

--* split document into single words

 LOOP get next word

 add word to word list in sortorder

EXIT WHEN all words processed

END LOOP

--* look up words in dictionary

LOOP get word from word list

 IF word not in dictionary THEN

 --* display words not in dictionary

 display word prompt on user terminal

IF user response says word OK THEN

 add word to good word list

ELSE

 add word to bad word list

ENDIF

EXIT LOOP

--* create a new words dictionary

dictionary：＝merge dictionary and good word list

END spellcheck

在用 PDL 书写的正文中，可以用"--*"开头的注释行对语句进行注释，起到提高可读性的目的。作为一个例子，考虑一种基于任一种比较通用的高级语言而得到的 PDL。

4. PDL 的优点

1）可以作为注释直接插在源程序中间。这样做能促使维护人员在修改程序代码的同时也相应地修改 PDL 注释，因此有助于保持文档和程序的一致性，提高了文档的质量。

2）可以使用普通的正文编辑程序或文字处理系统，很方便地完成 PDL 的书写和编辑工作。

3）现在已经有自动处理程序存在，而且可以自动由 PDL 生成程序代码。

5.3 面向数据结构的设计方法

在程序设计中算法和数据结构是紧密相连的，有一个著名的公式是"程序＝算法＋数据结构"，不同的数据结构往往决定了不同的算法结构。也就是说，在一定程度上数据结构决定了算法结构，同时也影响处理过程。如重复出现的数据应由具有循环控制结构的程序处理，需选择数据时，要用带有分支控制的程序结构。

　　面向数据结构的设计方法主要根据某些过程，从一些数据结构中导出程序结构，着重于问题数据结构到问题解的程序结构之间的转换，而不强调模块定义。因此，该方法首先要充分了解所涉及的数据结构，而且用工具清晰地描述数据结构，然后，按一定的步骤根据数据结构，导出解决问题的程序结构，完成设计。通常数据结构与程序的结构紧密相关。下面介绍一种典型常用的面向数据结构的设计方法——Jackson 程序设计方法。

5.3.1　改进的 Jackson 图

　　图形工具表示选择或重复结构时，由于选择条件或循环结束条件不能直接在图上表示出来，影响了图的表达能力，也不容易直接把图翻译成程序。此外，框与框之间的连线为斜线，不容易在行式打印机上输出。为了解决上述问题，对基本的 Jackson 图进行了改进。图 5-7 是改进的 Jackson 图的三种基本结构。

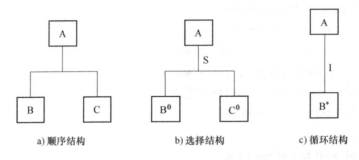

图 5-7　改进的 Jackson 图的三种结构

　　这三种数据结构可以进行组合，形成复杂的结构体系。采用这一方法从目标系统的输入、输出数据结构入手，导出程序框架结构，再补充其他细节，就可得到完整的程序结构图。

5.3.2　Jackson 方法

　　Jackson 方法的步骤如下：

　　1）用 Jackson 图描述 I/O 的数据结构。

　　2）在两个图中指出有直接因果关系、可以同时处理的单元（重复的次序，次数均相同）。

　　3）把有对应关系的单元合为一个处理框，画在相应的层次中。

　　4）列出所有操作条件，并分配到程序结构图中。

　　5）用伪代码（Pseudocode）表示程序。

　　【例 5.3】　一个正文文件由若干记录组成，每条记录是一个字符串。要求统计每条记录中空格字符的个数以及文件中空格字符的总个数。要求的输入数据格式是：每复制一行输入字符串之后，另起一行印出这个字符串中的空格数，最后印出文件中空格的总个数。

　　第一步：用 Jackson 图描述 I/O 的数据结构。

　　第二步：在两个图中指出有直接因果关系、可以同时处理的单元。

　　图 5-8 中虚线带箭头部分指出相应的因果关系及可处理的单元。

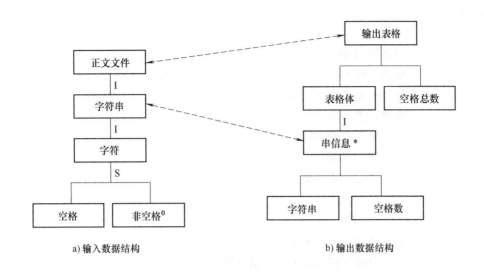

图 5-8 统计空格字符过程的 I/O 的数据结构

第三步：把有对应关系的单元合为一个处理框，画在相应的层次中，如图 5-9 所示。

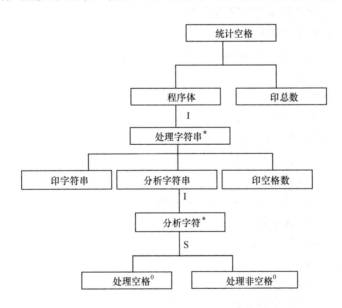

图 5-9 描绘统计空格程序结构的 Jackson 图

第四步：列出所有操作条件，并分配到程序结构图中，如图 5-10 所示。

第五步：用伪代码表示程序。

因为 Jackson 使用的伪代码和 Jackson 图之间存在简单的对应关系，所以从图 5-10 得出下面的伪码：

统计空格 seq
  打开文件
   读入字符串
   totalsum：＝0
  程序体 iter until 文件结束
   处理字符串 seq
    印字符串 seq
    印出字符串
    印字符串 end
    sum：＝0
    pointer：＝1
   分析字符串 iter until 字符串结束
    分析字符 select 字符是空格
   处理空格 seq
    sum：＝sum ＋ 1
    pointer：＝pointer ＋ 1
   处理空格 end
   分析字符 or 字符不是空格
   处理非空格 seq
    pointer：＝pointer ＋ 1
   处理非空格 end
   分析字符 end
   分析字符串 end
   印空格数 seq
    印出空格数目
   印空格数 end
    totalsum：＝totalsum ＋ sum
    读入字符串
   处理字符串 end
  程序体 end
   印总数 seq
    印出空格总数
   印总数 end
  关闭文件
   停止
统计空格 end

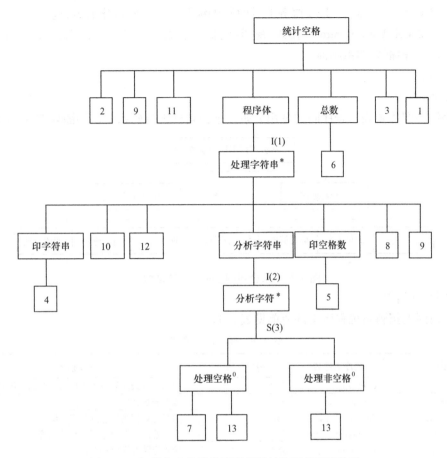

图 5-10　把操作和条件分配到程序结构图的适当位置

1—停止　2—打开文件　3—关闭文件　4—印出字符串　5—印出空格数目　6—印出空格总数　7—sum：= sum + 1

8—totalsum：= totalsum + sum　9—读入字符串　10—sum：= 0　11—totalsum：= 0　12—pointer：= 1　13—pointer：= pointer + 1

I(1)—文件结束　I(2)—字符串结束　S(3)—字符是空格

5.4　网上招聘系统详细设计说明书

网上招聘系统详细设计说明书的内容和要求见以下实例。

1　引言

1.1　（项目名称）×××公司网上招聘系统

1.2　项目背景和内容概要

（项目的委托单位、开发单位、主管部门、与其他项目的关系，与其他机构的关系等）

本文档是信息技术有限公司在××单位的人力资源管理系统合同基础上编制的。本文档的编写是描述招聘系统的详细设计，包括程序结构、程序设计、用户界面子系统设计等内容。同时，本文档也作为项目评审验收的依据之一。

1.3　相关资料、缩略语、定义

（相关项目计划、合同及上级机关批文，引用的文件、采用的标准等）

（缩写词和名词定义）

JSP：Java Server Page（Java 服务器页面）的缩写，一个脚本化的语言。

MVC：Model-View-Control（模式-视图-控制）的缩写，表示一个三层的结构体系。

Struct：一种框架体系结构。

2 程序结构

2.1 程序结构图

程序结构图主要表示程序间的调用关系，某公司网上招聘系统结构图如图5-11所示。

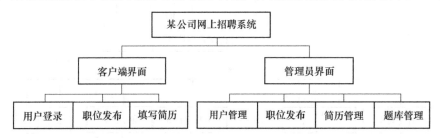

图5-11 某公司网上招聘系统结构图

2.2 程序文件清单

某公司网上招聘系统程序文件清单见表5-1。

表5-1 程序文件清单

子系统名	程序文件名	编程语言	简要描述
登录子系统	User. jsp	JSP	应聘者登录时需输入用户名、密码、校验码
考试子系统	Shititiku. jsp	JSP	能够随机选题
职位发布子系统	Zhiweifabu. jsp	JSP	随时更新招聘信息以及招聘结果
系统管理子系统	Xitongguanli. jsp	JSP	管理普通发布信息用户和系统管理员
简历管理子系统	Jianliguanli. jsp	JSP	接收应聘者简历并保存
⋮			

3 程序设计说明

3.1 程序文件名：（程序文件以职位发布子系统为例描述）

子系统名：职位发布子系统

编写者：×××　　　　编写日期：×××

第 × 次修改　　　　修改人：×××　　　　修改日期：×年×月×日

程序名称：Zhiweifabu. jsp

程序功能描述：

➢ 发布职位需求信息。

➢ 发布后的职位可以进行修改。

➢ 提供职位发布查询的功能，能够查询已发布的职位。

➢ 对已公布的职位录入应聘者信息。

输入/输出项：

a. 输入数据

➢ 职位发布登记环节。

录入的数据包括：Ⅰ级机构、Ⅱ级机构、Ⅲ级机构、招聘类型、职位分类、职位名称、招聘人数、截止日期、职位描述和招聘要求，还包括发布职位的登记人登记时间。

> ➤ 职位发布变更环节。

招聘类型、招聘人数、截止日期、变更人、职位描述、招聘要求字段可以修改、提交时需要验证必输字段。

> ➤ 职位发布查询环节。

系统分页列出已发布的职位，选择某一职位可查看其明细，申请该职位则跳转到简历登记功能。

b. 输出数据

> ➤ 职位发布登记界面。
> ➤ 职位发布变更列表界面、职位明细修改界面。
> ➤ 职位发布查询列表界面、职位发布查询、职位明细显示界面、简历登记页面。

3.2 职位发布子系统算法说明

管理员登录后，录入 I 级机构、II 级机构、III 级机构、招聘类型、职位分类、职位名称、招聘人数、截止日期、职位描述和招聘要求以及发布职位的登记人、登记时间等数据，然后单击"重新提交"按钮将录入的数据进行提交。职位变更管理界面，单击"修改"按钮可以进入职位修改界面，进行修改职位发布信息，修改完毕，单击"保存"按钮可以将修改信息保存，如果单击"返回"按钮可以返回到浏览的上一级链接界面。

3.3 用伪代码表示程序（以职位发布子系统为例描述）

职位发布

进入职位发布界面

程序体填写录入数据结束

I 级机构 = " "

II 级机构 = " "

III 级机构 = " "

招聘类型 = " "

职位分类 = " "

职位名称 = " "

招聘人数 = " "

截止日期 = " "

职位描述 = " "

招聘要求 = " "

发布职位的登记人 = " "

登记时间 = " "

程序体提交数据结束

启用数据库链接类

连接"职位发布"数据表

将职位发布的相关信息写入数据表中

……

职位发布 end

3.4 存取的数据库表和字段

某公司网上招聘系统中管理员系统表见表 5-2，用户数据表见表 5-3，系统菜单表见表

5-4，部门数据表见表5-5，调用的公共函数库或公共函数见表5-6。（本例中只描述相对主要的一些表）

表5-2 管理员系统表

字段名称	字段名	字段类型	默认值	备注
角色ID	Role_id	int	P	
用户ID	User_id	varchar（20）	P	

表5-3 用户数据表

字段名称	字段名	字段类型	默认值	备注
用户ID	User_id	varchar（20）	P	
用户名称	Name	varchar（20）	not null	
姓名	Fullname	varchar（40）	not null	
密码	Passwd	varchar（20）	not null	
办公电话	O_telephone	varchar（14）	null	
手机	Mobile	varchar（11）	null	
E-mail地址	Email	varchar（40）	null	
上次登录时间	login_date	datetime	null	第一次登录时为null，当第一次登录时要强迫用户修改密码。登录成功时才修改此时间
上次修改密码时间	u_passwd_date	datetime	not null	
第一次错误登录时间	err_login_date	datetime	null	当第一次登录错误时记录登录时间。当登录成功时置空
连续错误登录次数	err_login_times	int	0	当在一个小时内连续登录错误三次时，锁定此账号，在一天内不再允许登录

表5-4 系统菜单表

字段名称	字段名	字段类型	默认值	备注
系统ID	System_id	int	P	
菜单ID	Menu_id	int	P	
菜单顺序	Order	int	not null	
上级菜单	Father_id	int	null	类型为菜单时才有效，其他两种类型默认为null
类型	Menu_flag	char（1）	not null	0—菜单，1—栏目，2—操作

表5-5 部门数据表

字段名称	字段名	字段类型	默认值	备注
部门ID	Depart_id	int	P	
部门名称	Name	varchar（20）	not null	
部门描述	Desc	varchar（80）	null	

表 5-6 调用的公共函数库或公共函数

函数名称	描　　述
labelName	按照 form 表单要验证的表单项的顺序赋值的数组，保存着各个字段的标签名称，用于消息显示
nullFlag	按照 form 表单要验证的表单项的顺序赋值的数组，0 为可空；1 为不可空
methodFlag	按照 form 表单要验证的表单项的顺序赋值的一位字符数组，其值为下面验证函数的红色字母的小写

4　用户界面设计说明（由于界面很多，以下以职位发布管理为例进行文档描述）

4.1　用户界面图设计要求元素

此处以职位发布管理与职位变更管理的界面设计为例，详见表 5-7 和表 5-8。

表 5-7 职位发布管理界面设计要求元素

界面标识	A1　　　　模板文件　　　　index. htm		
界面尺寸	1024 * 768		
界面功能	发布职位需求信息。发布后的职位可以进行修改。另外提供职位发布查询的功能，查询已发布的职位，并对已发布的职位录入应聘者信息		
备注	同时显示最新招聘的岗位，用户可以在登录后，单击相关链接查看		
界面图	待定		

表 5-8 职位变更管理界面设计要求元素

界面标识	A2　　　　模板文件　　　　index. htm		
界面尺寸	1024 * 768		
界面功能	发布职位变更信息。发布后的职位可以进行修改		
备注	同时显示最新招聘的岗位，用户可以在登录后单击相关链接查看		
界面图	待定		

4.2　用户界面与模块关系表

某公司网上招聘系统用户界面与模块关系见表 5-9。

表 5-9 用户界面与模块关系表

用户界面名称	用户界面编号	隶属的子系统	相关模块名称	简要名称
登录界面	A1	登录子系统	登录模块	登录
题库管理界面	B1	考试子系统	题库管理模块	考试
职位发布界面	C1	职位发布子系统	职位发布模块	职位发布
用户管理界面	D1	系统管理子系统	用户管理模块	用户管理
系统管理界面	D2	系统管理子系统	系统管理模块	系统管理
简历管理界面	F1	简历管理子系统	简历管理模块	简历管理
⋮				

小　　结

　　详细设计的主要任务是描述每个模块的算法，即实现该模块功能的处理过程，一般采用结构化程序设计方法进行，采用程序流程图、PAD、PDL 等工具来描述。由于现在软件公司开发某些项目时，采用 PowerBuider、MyEclipse 等开发工具，将概要设计和详细设计融合在一起，详细设计的工作就不太明显了。

　　重点介绍了算法设计，在详细设计过程中需要完成的数据结构设计理论在数据库原理及应用这门学科中会详细讲到，而物理设计理论则需根据实现时具体所使用的数据库系统软件来学习。

习　　题　　5

1. 简述详细设计的任务和原则。
2. 将下面的伪代码表示转换为 PAD。

```
Begin
    s1;
    if x > 5 then s2
            else s3;
    while y < 0 do begin
        if z > 3 then s4
                else s5;
        while w > 0 then s6;
        s7;
    end;
    s8;
    if u > 0 then s9;
    s10;
End;
```

3. 选择一个系统（如档案管理系统、图书管理系统、学生成绩管理系统、飞机订票系统等），完成系统的详细设计，并用 N-S 图（盒图）表达设计结果。

第6章 编　　码

本章要点

本章主要介绍程序设计语言分类及特点，程序设计风格，程序编码阶段文档写作规范及具体的实例分析。

教学目标

了解程序设计语言的分类以及选择具体程序开发语言的标准，注重程序文档、数据说明、语句结构、输入、输出等程序编写风格，通过网上招聘系统编码规范及其代码说明这一实例，掌握编码阶段文档的写作规范和方法。

6.1　选择开发语言

6.1.1　程序设计语言分类及特点

1. 程序设计语言分类

目前，用于软件开发的程序设计语言已经有数百种之多，对于这些程序设计语言的分类有不少争议。同一种语言可以归到不同的类中。从软件工程的角度，根据程序设计语言发展的历程，可以把它们大致分为4类。

（1）从属于机器的语言（第一代语言）

计算机语言是由机器指令代码组成的语言。对于不同的机器就有相应的一套机器语言。用这种语言编写的程序，都是二进制代码的形式，且所有地址分配都是以绝对地址的形式处理。存储空间的安排、寄存器、变址的使用都由程序员自己计划，因此，使用机器语言编写的程序很不直观，在计算机内的运行效率很高，但编写出的机器语言程序出错率也高。

（2）汇编语言（第二代语言）

汇编语言比机器语言直观，它的每一条符号指令与相应机器指令有对应关系，同时又增加了一些诸如宏、符号地址等功能。存储空间的安排可由机器解决。不同指令集的处理系统有自己相应的汇编语言。从软件工程的角度来看，汇编语言只是在高级语言无法满足设计要求时，或者不具备支持某种特定功能（例如特殊的输入/输出）的技术性能时，才被使用。

（3）高级程序设计语言（第三代语言）

1）传统的高级程序设计语言。有 FORTRAN、COBOL、ALGOL、BASIC 等，这些程序设计语言曾得到广泛应用。目前，它们都已有多种版本，有的语言得到较大的改进，甚至形成了可视的开发环境，具有图形设计工具、结构化的事件驱动编程模式、开放的环境，使用户可以既快又简便地编制出 Windows 下的各种应用程序。

2）通用的结构化程序设计语言。它具有很强的过程功能和数据结构功能，并提供结构化的逻辑构造。这一类语言的代表是 Pascal、C 和 Ada。

3）专用语言。专用语言是为特殊的应用而设计的语言，通常具有自己特殊的语法形式，面对特定的问题，输入结构及词汇表与该问题的相应范围密切相关，有代表性的专用语言有 APL、LISP、Prolog 等。从软件工程的角度来看，专用语言支持了特殊的应用，将特定的设计要求翻译成可执行的代码，但它们的可移植性和可维护性比较差。

4）面向对象语言。面向对象语言直接支持类的定义、继承、封装和消息传递等概念，使软件工程师能实现面向对象分析和面向对象设计所建立的分析和设计模型。现在使用较为广泛的面向对象语言有 Smalltalk、C＋＋及 Java 等。

（4）第四代语言（4GL）

4GL 用不同的文法表示程序结构和数据结构，但它是在更高一级抽象的层次上表示这些结构，而不再需要算法的细节。4GL 兼有过程性和非过程性的两重特性，程序员规定条件和相应的动作是过程性的部分，指出想要的结果是非过程性的部分，然后由 4GL 语言系统运用它的专门领域的知识来填充过程细节。

2. 程序设计语言特点

程序设计语言的特点可以从不同的角度进行查看，主要有以下几种观点：

（1）软件心理学的观点

按心理学的观点，影响程序员心理的语言特性有如下 6 种。

1）一致性。它表示一种语言所使用符号的兼容程度、允许随意规定限制的程度。同是一个符号，给予多种用途，会引起许多难以察觉的错误。

2）二义性。虽然语言的编译程序总是以一种机械的规则来解释语句，但读者则可能用不同的方式来理解语句。

3）简洁性（紧凑性）。程序设计语言的简洁性可用保留字和缩写字的种类、数据类型的种类和默认说明、算术运算符和逻辑运算符的种类、系统内标准函数的数目等来衡量。

4）局部性。指程序设计语言的综合特性。综合的特性使人们能够对事物从整体上进行记忆和识别。在编码过程中，由语句组合成模块，由模块组装为程序体系结构，并在组装过程中实现模块的高内聚和低耦合，可使程序的局部性加强。

5）线性。指程序的顺序特性。人们总是习惯于按逻辑线性序列理解程序。如果程序中线性序列和逻辑运算较多，会提高可读性。如果存在大量分支和循环，就会破坏顺序状态，增加理解上的困难。直接实现结构化程序可提高程序的线性特性。

6）传统。人们学习一种新的程序设计语言的能力会受到传统的影响。具有 Pascal 基础的程序人员在学习 C 语言时不会感到困难，因为 C 语言保持了 Pascal 所确立的传统语言特性。但是要求同一个人去学习 APL 或者 LISP 这样一些语言就比较困难，因为传统中断了。

（2）软件工程的观点

依据软件工程的观点，程序设计语言的特性应着重考虑软件开发项目的需要。为此，对于程序编码，有如下一些工程上的性能要求。

1）详细设计应能被直接地、容易地翻译成代码程序。把设计变为程序的难易程度，反映了程序设计语言与设计说明相接近的程度。所选择的程序设计语言是否具有结构化的构造、复杂的数据结构、专门的输入/输出能力、位运算和串处理的能力，直接影响到从详细设计变换到代码程序的难易程度以及特定软件开发项目的可实现性。

2）源程序应具有可移植性。源程序的可移植性通常有 3 种解释：①对源程序不做修改或少做修改就可以实现处理机上的移植或编译程序上的移植；②即使程序的运行环境改变（例如改用一个新版本的操作系统），源程序也不用改变；③源程序的许多模块可以不做修改或少做修改就能集成为功能性和各种软件包，以适应不同的需要。

编译程序应具有较高的效率，尽可能应用代码生成的自动工具。有效的软件开发工具是缩短编码时间、改善源代码质量的关键因素。使用带有各种有效的自动化工具的"软件开发环境"，支持从设计到源代码的翻译等各项工作，可以保证软件开发获得成功。

3）可维护性。源程序的可读性，语言自身的文档化特性（涉及标识符的允许长度、标号命名、数据类型的丰富程度、控制结构的规定等）是影响可维护性的重要因素。

（3）程序设计语言的技术性能

在计划阶段，极少考虑程序语言的技术特性，但在选定资源时，若想规划将要使用的支撑工具，就得确定一个具体的编译器或者确定一个程序设计环境。如果软件开发组的成员对所要使用的语言不熟悉，那么在成本及进度估算时必须把学习的工作量估算在内。一旦确定了软件需求，待选用的程序语言的技术特性就显得非常重要了。如果需要复杂的数据结构，就要仔细衡量有哪些语言能提供这些复杂的数据结构。如果首要的是高性能及实时处理的能力，就可选用适合于实时应用的语言或效率高的数据结构。如果该应用有许多输出报告或繁杂的文件处理，最好是根据软件的要求，选定一种适合于该项工作的语言。

软件的设计质量与程序设计语言的技术性能无关（面向对象设计例外），但在实现软件设计转化为程序代码时，转化的质量往往受语言性能的影响，因而也会影响到设计方法。语言的技术性能对测试和维护的影响是多种多样的。例如，直接提供结构化构造的语言有利于减少循环带来的复杂性（即 McCabe 复杂性），使程序易读、易测试、易维护。另一方面，语言的某些技术特性却会妨碍测试。例如，在面向对象的语言程序中，由于实行了数据封装，使得监控这些数据的执行状态变得比较困难；由于建立了对象类的继承结构，使得高内聚、低耦合的要求受到破坏，增加了测试的困难。此外，只要语言程序的可读性强，可以减少程序的复杂性，这样的程序设计语言对于软件的维护就是有利的。

总之，通过仔细地分析和比较，选择一种功能强而又适用的语言，对成功地实现从软件设计到编码的转换、提高软件质量、改善软件的可测试性和可维护性是至关重要的。

6.1.2 选择的标准

为某个特定开发项目选择程序设计语言时，既要从技术角度、工程角度、心理学角度评价和比较各种语言的适用程度，又必须考虑现实可能性，有时需要做出某种合理的折中。

在选择与评价语言时，首先要从问题入手，确定它的要求是什么？这些要求的相对重要性如何？再根据这些要求和相对重要性来衡量所采用的语言。

通常考虑的因素有：项目的应用范围；算法和计算的复杂性；软件执行的环境；性能上的考虑与实现的条件；数据结构的复杂性；软件开发人员的知识水平和心理因素等。其中，项目的应用范围是最关键的因素。

高级编程语言有偏高与偏低的区别。例如，Visual Basic 是偏高的程序设计语言，而 Visual C++ 则是偏低的程序设计语言。通常情况下，偏向高层或客户端应用的软件项目、投入资金过少的软件项目、需要在短期内投入使用的软件项目，适合选用偏高的程序设计语言，而偏向低层或服务器端应用的软件项目、与硬件设备有关的项目等，则适合选用偏低的程序设计语言。

有时在一个软件项目中还可能需要用到多种编程语言。例如，可以将 Visual Basic 与 Visual C++ 结合起来使用，其中 Visual Basic 用于前端界面开发，而 Visual C++ 则用于后台服务器组件开发。

6.2 软件编码的规范

程序实际上也是一种供人阅读的文章，程序也应具有良好的风格。编程风格是编写程序时要遵守的一些规则。在衡量程序质量时，源程序代码的逻辑简明清晰、易读易懂是一个重要因素，而这些都与编程风格有着直接的关系。例如程序格式、程序中的注释、数据说明方式、输入/输出方式等。

6.2.1 程序中的注释

夹在程序中的注释是程序员与日后的程序读者之间通信的重要手段。正确的注释能够帮助读者理解程序，可为后续阶段进行测试和维护提供明确的指导。因此，注释绝不是可有可无的，大多数程序设计语言允许使用自然语言来写注释，以方便程序的阅读。一些正规的程序文本中，注释行的数量占到整个源程序的 1/3 ~ 1/2，甚至更多。注释可分为以下两种：

1）序言性注释。通常置于每个程序模块的开头部分，它应当给出程序的整体说明，对于理解程序本身具有引导作用。有些软件开发部门对序言性注释做了明确而严格的规定，要求程序编写者逐项列出有关内容，包括程序标题、有关本模块功能和目的的说明、主要算法、接口说明、有关数据描述、模块位置、开发简历等。

2）功能性注释。嵌在源程序体中，用以描述其后的语句或程序段是在做什么工作，但不要解释下面怎么做，因为解释怎么做常常是与程序本身重复的，并且对于阅读者理解程序没有什么帮助。

书写功能性注释要注意三点：①用于描述一段程序，而不是每一个语句；②采用缩进和空行，使程序与注释容易区别；③注释要正确。

6.2.2 数据说明

在编写程序时，需要注意数据说明的风格。为了使程序中的数据说明更易于理解和维护，必须注意以下几点：

1）数据说明的次序应当规范化。为了方便阅读、理解和维护，数据说明的次序应规范化，使说明的先后次序固定。

2）当一个语句说明多个变量名时，应当对这些变量按字母的顺序排列。

3）如果设计了一个复杂的数据结构，应当使用注释来说明在程序实现时这个数据结构的固有特点。

6.2.3 语句结构

在设计阶段确定了软件的逻辑流结构,但构造单个语句则是编码阶段的任务。语句构造应力求简单、直接,不能为了片面追求效率而使语句复杂化。应该尽量做到以下几方面:

- 在一行内只写一条语句,并且采取适当的移行,使程序的逻辑和功能变得更加明确。
- 程序编写首先应当考虑清晰性,不要刻意追求技巧性,使程序编写得过于紧凑。
- 程序编写要简单、清楚,直截了当地说明程序员的用意。
- 除非对效率有特殊的要求,程序编写要做到清晰第一、效率第二,不要为了追求效率而丧失了清晰性。事实上,程序效率的提高主要通过选择高效的算法来实现。
- 首先要保证程序正确,然后才要求提高速度;反过来说,在使程序高速运行时,首先要保证它是正确的。
- 让编译程序做简单的优化。
- 尽可能使用库函数。
- 避免使用临时变量而使可读性下降。
- 尽量用公共过程或子程序去代替重复使用的表达式。
- 使用括号来清晰地表达算术表达式和逻辑表达式的运算顺序。
- 尽量只采用 3 种基本的控制结构来编写程序。
- 用逻辑表达式代替分支嵌套。
- 使与判定相联系的动作尽可能地紧跟着判定。
- 避免采用过于复杂的条件测试。
- 尽量减少使用"否定"条件的条件语句。
- 避免过多的循环嵌套和条件嵌套。
- 避免循环的多个出口。
- 使用数组,以避免重复的控制序列。
- 尽可能用通俗易懂的伪码来描述程序的流程,然后再翻译成必须使用的语言。
- 数据结构要有利于程序的简化。
- 要模块化,使模块功能尽可能单一化,模块间的耦合能够清晰可见。
- 利用信息隐蔽,确保每一个模块的独立性。
- 从数据出发去构造程序。
- 不要修补不好的程序,应重新编写。也不要一味地追求代码的复用,应重新组织编写。
- 对太大的程序,要分块编写、测试,然后再集成。
- 对递归定义的数据结构尽量使用递归过程。
- 注意计算机浮点数的特点,例如浮点数运算 10.0 * 0.1 通常不等于 1.0。
- 不要单独进行浮点数的比较。
- 避免不恰当地追求程序效率,在改进效率前,要做出有关效率的定量估计。
- 在程序中应有出错处理功能,一旦出现故障时不要让机器进行干预,导致停工。

此外,对于程序中的变量、标号、注释等,还需要给予一些注意。例如:变量名中尽量不用数字,显示说明所有的变量,确保所有变量在使用前都被初始化,等等。

6.2.4 输入和输出

输入和输出信息是与用户的使用直接相关的。输入和输出的方式和格式应当尽可能方便用户的使用。因此，在软件需求分析阶段，应基本确定输入和输出的风格。系统能否被用户接受，有时取决于输入和输出的风格。不论是批处理的输入/输出方式，还是交互式的输入/输出方式，在设计和程序编码时都应考虑下列原则：

- 对所有的输入数据都进行检验，从而识别错误的输入，以保证每个数据的有效性。
- 检查输入项的各种重要组合的合理性，必要时报告输入状态信息。
- 使得输入的步骤和操作尽可能简单，并保持简单的输入格式。
- 输入数据时，应允许使用自由格式输入。
- 应允许默认值。
- 输入一批数据时，最好使用输入结束标志，而不要由用户指定输入数据数目。
- 在以交互式输入/输出方式进行输入时，要在屏幕上使用提示符明确提示交互输入的请求，指明可使用选择项的种类和取值范围。同时，在数据输入的过程中和输入结束时，也要在屏幕上给出状态信息。
- 当程序设计语言对输入/输出格式有严格要求时，应保持输入格式与输入语句的要求的一致性。
- 给所有的输出加注解，并设计输出报表格式。

输入/输出风格还受到许多其他因素的影响，如输入/输出设备（例如终端的类型、图形设备、数字化转换设备等）、用户的熟练程度以及通信环境等。

Wasserman 为"用户软件工程及交互系统的设计"提供了一组指导性原则，可供软件设计和编程参考。Wasserman 提供的主要原则有：

- 把计算机系统的内部特性隐蔽起来不让用户看到。
- 有完备的输入出错检查和出错恢复措施，在程序执行过程中尽量排除由于用户的原因而造成程序出错的可能性。
- 如果用户的请求有了结果，应随时通知用户。
- 充分利用联机帮助手段，对于不熟练的用户提供对话式服务，对于熟练的用户提供较高级的系统服务，改善输入/输出的能力。
- 使输入格式和操作要求与用户的技术水平相适应。对于不熟练的用户，充分利用菜单系统逐步引导用户操作；对于熟练的用户，允许绕过菜单，直接使用命令方式进行操作。
- 按照输出设备的速度设计信息输出过程。
- 区别不同类型的用户，分别进行设计和编码。
- 保持始终如一的响应时间。
- 在出现错误时应尽量减少用户的额外工作。

在交互式系统中，这些要求应成为软件需求的一部分，并通过设计和编码，在用户和系统之间建立良好的通信接口。

6.3 网上招聘系统编码规范

网上招聘系统的编码规范参见如下实例。

1 引言

1.1 （项目名称）×××公司网上招聘系统

1.2 目的

描述×××公司网上招聘系统项目的编码规范，包括编码格式规范、命名规范、注释规范、语句规范、声明规范等。

1.3 相关资料、缩略语、定义

（相关项目计划、合同及上级机关批文，引用的文件、采用的标准等）

（缩写词和名词定义）

JSP：Java Server Page（Java 服务器页面）的缩写，一个脚本化的语言。

MVC：Model-View-Control（模式-视图-控制）的缩写，表示一个三层的结构体系。

EJB：Enterprise Java Bean（企业级 Java Bean）的缩写。

1.4 术语定义

Class：Java 程序中的一个程序单位，可以生成很多的实例。

Packages：由很多的类组成的工作包。

1.5 引用标准

＜企业文档格式标准＞×××公司

1.6 参考资料

[1] Ted Husted，等. 实战 struct [M]. 黄若波，程峰，程繁科，等译. 北京：机械工业出版社，2005.

[2] 施平安. 软件项目管理实践 [M]. 北京：清华大学出版社，2003.

2 编码格式规范

2.1 缩进排版

4 个空格作为缩进排版的一个单位。

2.2 断行规则

在一个逗号后面断开。

在一个操作符前面断开。

新的一行应该与上一行同一级别表达式的开头处对齐。

如果以上规则导致代码混乱或者使代码都堆挤在右边，那就代之以缩进 8 个空格。

2.3 空行

空行将逻辑相关的代码段分隔开，以提高可读性。

一个源文件的两个小片断之间。

类声明和接口声明之间。

下列情况使用一个空行：

两个方法之间。

方法内的局部变量和方法的第一条语句之间。

块注释或单行注释之前。

一个方法内的两个逻辑段之间。

3 命名规范

3.1 类

类名是一个名词,采用大小写混合的方式,每个单词的首字母大写,尽量使用完整单词,避免缩写词。

3.2 接口

大小写规则与类相似。

3.3 方法

方法名是一个动词,采用大小写混合方式,每个单词的第一个字母要大写。

3.4 变量

采用大小写混合的方式,第一个单词的首字母大写,其后单词的字母小写。变量名不应以下画线和美元符号开头,变量名的选用应便于记忆,能表示出其用途。

3.5 常量

全部字母大写。

4 声明规范

4.1 初始化

尽量在声明局部变量的同时初始化。

4.2 布局

只在代码块的开始处声明变量。

5 语句规范

5.1 简单语句

每行至多包含一条语句。

5.2 复合语句

被括其中的语句应该较之复合语句缩进一个层次。

左大括号"{"应位于复合语句的起始行的行首,并另起一行开始。

右大括号"}"应另起一行与左大括号对齐。

大括号可以用于所有语句,包括单个语句。

6 注释规范

6.1 块注释

块注释之首应有一个空行,用于把块注释和代码分割开来。例如:

/*

* 这是块注释

*/

6.2 单行注释

如果一个注释不能在一行内写完,就应采用块注释。单行注释之首应有一个空行。例如:

……

/*这是单行注释*/

……

6.3　尾端注释

极短的注释可以与它们所要描述的代码位于同一行，但是应该有足够的空白来分开代码与注释。若多个短注释出现于大段代码中，它们应该具有相同的缩进。

小　　结

编码就是将软件设计的结果用某种程序设计语言描述出来。因此，所选择的语言应尽量自然地支持软件设计方法，适合于所求解问题的领域。在编码过程中，编程工具的选择是较为重要的，选择一个适当的开发工具，可以降低开发人员的工作量，加快项目的开发进程。

另外，在编码的过程中，要注意编码的风格。良好的编程风格，是程序具有良好可读性的保证。

习　题　6

1. 当你书写 100 行程序代码和 1000 行程序代码时，是否要采用不同的方法？为什么？

2. 你熟悉哪些程序设计语言？它们各有什么特点？

3. 根据你自己的经验，总结编程应遵循的风格，并说明为什么如此即能增加代码的可读性和可理解性。

4. 选择编程语言主要考虑哪些因素？

第 7 章 测 试

本章要点

本章主要介绍测试的目标、原则、测试用例设计、测试步骤，常用的测试工具和测试阶段文档写作规范。

教学目标

了解测试的目标、原则，掌握黑盒、白盒两种测试用例及单元测试、集成测试、确认测试、系统测试等具体测试步骤，通过网上招聘系统客户端系统测试报告这一实例，掌握软件测试阶段文档写作规范、技巧和方法。

7.1 测试的目标和原则

1. 软件测试的目标

Grenford J. Myers 就测试的目的提出以下观点，这些观点可以被看作测试的目标：

1) 测试是为了发现程序中的错误而执行程序的过程。

2) 好软件方案是能够发现迄今尚未发现错误的测试方案。

3) 成功的测试是发现了目前为止尚未发现的错误的测试。

软件测试从不同的角度出发会有两种不同的测试原则：从用户的角度出发，就是希望通过软件测试能充分暴露软件中存在的问题和缺陷，从而考虑是否可以接受该产品；从开发者的角度出发，就是希望通过测试表明软件产品不存在错误，已经正确地实现了用户的需求，确立人们对软件质量的信心。

2. 软件测试的原则

为了达到上述目标，需要注意以下几点：

1) 应当尽早地和不断地进行软件测试。由于多种因素使得软件开发的每个环节都可能产生错误，所以不应把软件测试仅仅看作软件开发的一个独立阶段，而应当把它贯穿到软件开发的各个阶段中。坚持在软件开发的各个阶段的技术评审，尽早发现和预防错误，以提高软件质量。

2) 测试用例应由测试输入数据和与之对应的预期输出结果这两部分组成。测试以前应当根据测试的要求选择测试用例，以便在测试过程中使用。测试用例主要用来检验程序员编制的程序，不但需要测试输入的数据，同时也要测试输出结果。

3) 程序员应避免检查自己的程序。程序员和程序开发小组应尽可能避免测试自己编写的程序。如果条件允许，最好建立独立的软件测试小组或测试机构。

4）在设计测试用例时，应当包括有效的输入条件和无效的输入条件。有效的输入条件是指能验证程序正确的输入条件，而无效的输入条件是指异常的、可能引起问题变异的输入条件。事实上，软件在投入运行以后，用户的使用往往不遵循事先的约定，使用了意外的输入，如果开发的软件遇到这种情况时不能做出适当的反应，就容易产生故障。因此，用无效的输入条件测试程序时，往往比用有效的输入条件进行测试能发现更多的错误。

5）充分注意测试中的群集现象。实验表明，测试后程序中残存的错误数目与该程序的错误发现率成正比，如图 7-1 所示。根据这个规律，应当对错误群集的程序段进行重点测试。在被测程序段中，若发现错误数目多，则残存错误数目也比较多。例如 IBM 公司的 OS/370 操作系统中，47% 的错误仅与该系统的 4% 的程序模块有关。这种现象对测试很有用。

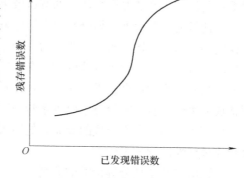

6）严格执行测试计划，排除测试的随意性。

7）应当对每一个测试结果做全面检查。

图 7-1　残存错误与已发现错误的关系

8）妥善保存测试计划、测试用例、出错统计和最终分析报告，为维护提供方便。

7.2　测试用例设计

测试是用最少的输入来发现偏离用户要求的输出，而如何在输入量和输入时间最少的情况下不影响错误的发现，这就是测试用例的设计目的。测试用例设计的方法根据测试的方法不同而变化。

7.2.1　黑盒测试

黑盒测试把测试对象看作一个黑盒，测试人员不考虑程序的内部逻辑结构和内部特性，只依据程序需求和功能规格说明，检查程序的功能是否符合它的功能说明。黑盒测试方法是在程序接口上进行测试，主要是为了发现以下错误：

1）是否有不正确或遗漏了的功能。

2）在接口上，输入能否正确地接收。

3）能否输出正确的结果。

4）是否有数据结构错误或外部信息（例如数据文件）访问错误。

5）性能上是否能够满足要求，是否有初始化或终止性错误。

黑盒测试的测试用例方法主要包括等价类划分法、边界值分析法、错误推测法、综合测试法等。

1. 等价类划分

等价类划分是一种典型的黑盒测试方法，也是一种很常用的测试方法。它对测试用例的选择是基于对程序功能的分析，按照程序的输入要求和输出要求，选择若干数据进行测试功能的过程。理论上，判断程序是否正确，需要将所有合法的数据作为输入信息，进行穷举法的测试，但是实践表明，即使是很短小的程序，有效的输入数据集合也会很庞大，根本无法一一进行验证。因此，需要选择具有代表性的数据进行测试。

等价类划分方法是对输入数据进行分类，使得所有可能的输入数据被划分成若干等价类，实际测试过程中，一个等价类中只选择一组测试数据，测试结果即代表了等价类中其他数据的测试结果。因此，只要保证等价类的划分能够涵盖所有的输入情况，在等价类中选择数据进行测试，就能够取得较好的测试效果。

由此可见，等价类的划分情况直接影响测试结果。在考虑等价类划分时，先从程序的功能说明中找出每个输入条件，然后为每个输入条件划分两个或更多个等价类。等价类可分两种情况：有效等价类和无效等价类。有效等价类是指对程序的规格说明是有意义的、合理的输入数据所构成的集合；无效等价类是指对程序的规格说明是不合理的或无意义的输入数据所构成的集合。有效等价类主要用来验证程序是否实现了预定的功能和性能，无效等价类是用来验证程序中一些不合理的或无效的输入数据，程序是否有能力对其判断并处理，这是提高程序健壮性的测试手段。

下面给出几个划分等价类的原则。

1）如果规定了输入值的取值范围或输入数据的个数，则可确定一个有效等价类（输入值在取值范围内）和两个无效等价类（输入值小于最小值或大于最大值）。

2）如果规定了输入数据的规则，则可确定一个有效等价类（符合输入规则）和若干无效等价类（各种不符合输入规则的情况）。

3）如果规定了输入数据的一组值，程序对每个输入值分别进行处理，那么，每个合法的输入值就是一个有效等价类，任意一个非法输入值就是一个无效等价类。

以上只列举了几个具有代表性的划分原则，无法涵盖所有的情况，实际应用中还需根据具体情况进行划分，并注意考虑周全和不断积累经验。等价类划分完成后，按以下步骤选择测试用例：

1）为每一个有效等价类选取一个测试数据，保证所有测试数据覆盖所有有效等价类。

2）为每一个无效等价类选取一个测试数据，保证所有测试数据覆盖所有无效等价类。

注意：通常程序发现一类错误后就不再检查是否还有其他错误，因此应使每个测试方案只覆盖一个无效等价类。

下面运用等价类划分方法设计测试方案。

例：输入三角形的三边长，求三角形的面积。

根据该问题要求，可划分如下等价类。

1）根据输入数据个数划分可有一个有效输入的等价类和多个无效输入的等价类，其中，有效输入的等价类，输入数据的个数为3个；无效输入的等价类，输入数据的个数为2个和4个。

2）根据输入规则划分可有一个有效输入的等价类和多个无效输入的等价类，其中，有效输入的等价类的输入数据之间以逗号分隔；无效输入的等价类的输入数据之间以空格或其他字符分隔。

3）根据输入数据是否符合要求划分可有一个有效输入的等价类和多个无效输入的等价类，其中，有效输入的等价类的输入数据的类型符合输入格式要求；无效输入的等价类的输入入数据的类型不符合输入格式要求。比如，要求输入三个整数，输入时却有其他类型的数据。

4）根据输入的边长是否合法可划分一个有效输入等价类和多个无效输入的等价类，其中，有效输入的等价类的输入数据的任何两个数据之和大于第3个数据；无效输入的等价类的输入数据的任何两个数据之和小于或等于第3个数据。

2. 边界值分析

边界值分析是一种补充等价类划分的测试用例设计技术，它不是选择等价类中的任意元素，而是选择等价类边界值作为测试用例。经验告诉我们，程序在处理一些边界情况时往往容易发生错误，因此有必要在边界附近选取测试用例设计的测试方案。通常设计测试方案时，边界值分析法可以和等价类划分方法联合使用，按照边界值分析法，应该选取刚好等于、稍大于或稍小于等价类边界值的数据作为测试用例，而不是像等价类划分方法一样选取典型值或任意值作为测试用例。

边界值分析方法选取测试数据应遵循以下5条原则：

1）如果输入条件规定了取值范围，应该以范围的边界值及刚刚超范围边界外的值作为测试用例。如以 a 和 b 为上下边界，测试用例应当包含 a 和 b 及略大于 a 和略小于 b 的值。

2）若规定了输入值的个数，分别以满足条件的个数及稍小于、稍大于当前个数值作为测试用例，例如一个程序需要的输入数据为5个，设置输入值为5、4和6分别进行测试。

3）针对每个输出条件使用上述第1）、2）条原则。

4）如果程序规格说明中提到的输入或输出域是个有序的集合（如顺序文件、表格等），就应注意选取有序集的第一个和最后一个元素作为测试用例。

5）分析规格说明，找出其他的可能边界条件。

举例说明，实现 $0 \sim 100$ 之间的10个数累加求和操作。

设计测试用例如下：

1）输入数据的个数为10个，查看结果；输入数据的个数为9个或11个，查看结果。

2）输入数据的范围都超过100，查看结果；输入的数据中包括 $0 \sim 100$ 的数据，查看运行结果。

3. 错误推测法

使用前面介绍的两种测试用例方法，有助于设计出具有代表性的、易于查出错误的测试方案，但在很多情况下，满足需要的测试数据经过组合后数量十分庞大，这时，人们也可以靠经验和直觉推测程序中可能存在的各种错误，从而有针对性地编写检查这些错误的数据，这就是错误推测法。

错误推测法的基本思想是列举出程序中可能存在的错误和容易发生错误的特殊情况，并根据它们选择测试方案。有经验的程序员通常可根据程序的特点和功能选择测试用例来验证程序的执行情况。例如：向以数组为存储结构的线性表中添加元素，需要考虑数组已满时添加数据是否会成功；同样，删除元素时先将线性表置空，再进行删除操作，查看程序对线性表空时的处理情况；还有一种情况是，对特殊的输入数据进行组合，也可作为查找程序错误的手段。

4. 综合测试法

每种方法都能设计出一组测试用例，用这组用例容易发现某种类型的错误，但可能不易发现另一类型的错误。因此，在实际测试中，结合使用各种测试方法，形成综合策略，通常先用黑盒测试设计基本的测试用例，再用白盒测试补充一些必要的测试用例。

7.2.2 白盒测试

白盒测试是对软件的过程细节做细致的检查。这一方法把测试对象看作一个打开的盒子，允许测试人员利用程序内部的逻辑结构及有关信息设计或选择测试用例，对程序所有逻辑路径进行测试。通过在不同点检查程序的状态，确定实际的状态是否与期望的状态一致。

软件人员使用白盒测试方法，主要希望对程序模块进行如下检查：

1）对程序模块的所有独立的执行路径至少测试一次。

2）对所有的逻辑判定，取"真"与取"假"的两种情况都至少测试一次。

3）在循环的边界和运行界限内执行循环体。

4）测试内部数据结构的有效性。

白盒测试的覆盖标准有逻辑覆盖、循环覆盖和基本路径覆盖测试。其中逻辑覆盖包括语句覆盖、判定覆盖、条件覆盖、判定/条件覆盖、条件组合覆盖。依照上述顺序的五种覆盖准则发现错误的能力是由弱到强的。下面分别加以介绍。

1. 语句覆盖

语句覆盖的含义就是选择足够多的测试用例，运行被测程序，使得程序中每条语句至少执行一次。例如，图7-2是被测模块的流程图。

针对图7-2所示的流程，选择测试用例为：a=2，b=0，x=4；程序的执行路径为RACBDE，覆盖了所有的语句，如果执行结果正确，则证明两个判定语句为真的情况下，程序是正确的；如果条件为假时处理有错误，通过上面的数据，显然不能够查出来。另外，语句覆盖只关心每个判定表达式的值，而不关心表达式中不同条件的取值情况，有时条件发生错误，可能会被隐藏。例如，如果将第一个表达式的AND条件错写成OR，将第二个表达式的 x>1 错写成 x<1，此项测试都不会查出错误。

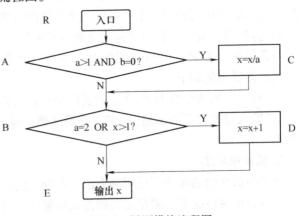

图7-2 被测模块流程图

综上所述，语句覆盖虽然能够执行程序中的每条语句，比较全面地检查每条语句的执行情况，但并不能覆盖所有可能出现的情况，是一种比较弱的逻辑覆盖。

2. 判定覆盖

判定覆盖又称分支覆盖，在设计测试用例时主要针对程序中具有分支结构的部分。为了测试所有的可能结果，需要将每个分支都至少执行一次，并查看相应的语句执行情况和结果。

例如，用下面两组测试用例来做判定覆盖的测试：

1）a=2，b=0，x=4，覆盖 RACBDE。

2）a=3，b=1，x=1，覆盖 RABE。

判定覆盖较语句覆盖的能力强，但仍然不能保证一定会查出错误，因此还需要更强的逻辑覆盖。

3. 条件覆盖

条件覆盖是指设计测试用例时，除了保证每条语句执行一次，还要使判定表达式的每个条件的各种可能取值都至少执行一次，为了实现条件覆盖，保证各种可能的条件都取值，即保证：

第一个判断有以下取值：$a>1$，$a\leq1$，$b=0$，$b\neq0$。

第二个判断有以下取值：$a=2$，$a\neq2$，$x>1$，$x\leq1$。

取值时只要保证覆盖上述条件即可。因此，选择两组测试用例：

1）a=2，b=2，x=2（满足 $a>1$，$b\neq0$，$a=2$，$x>1$ 的条件），执行路径为 RABDE。

2）a=1，b=0，x=0（满足 $a\leq1$，$b=0$，$a\neq2$，$x\leq1$ 的条件），执行路径为 RABE。

条件覆盖使得判定表达式中每个条件都取到了不同结果，判定覆盖只关心判定表达式取不同的值。相比之下，条件覆盖能力稍强，但在进行条件覆盖时，各个条件的不同组合会使判定表达式的取值不同，不能保证执行所有的判定路径。比如上例，两组用例覆盖了所有条件，但两条执行路径都没有涉及 C 语句，不能确定该语句的执行情况，测试仍不够全面。

4. 判定/条件覆盖

单独使用判定覆盖和条件覆盖测试结果都不够全面，如果将两种覆盖结合，就会起到互相补充的作用。判定/条件覆盖就是设计足够多的测试用例，使得每个判定表达式中的每个条件都取到各种可能的值，并且使每个判断语句的所有判断结果至少出现一次。

选择满足上述情况的两组测试用例为：

1）a=2，b=0，x=2（满足 $a>1$，$b=0$，$a=2$，$x>1$ 的条件），执行路径 RACBDE。

2）a=1，b=1，x=1（满足 $a\leq1$，$b\neq0$，$a\neq2$，$x\leq1$ 的条件），执行路径 RABE。

这两组用例同时实现了判定覆盖和条件覆盖，但是，考虑两个判定语句中的 4 个条件语句，全部组合后可有 8 种情况，这些情况的执行是否都是正确的，无法确定，因此还可以选择下面覆盖能力更强的条件组合覆盖方式。

5. 条件组合覆盖

条件组合覆盖就是设计足够多的测试用例，使得每个判定表达式中条件取值的各种组合都至少出现一次。根据每个判定表达式的情况，列出如下条件组合：

1）$a>1$，$b=0$，A 表达式为真。

2）$a>1$，$b\neq0$，A 表达式为假。

3）$a\leq1$，$b=0$，A 表达式为假。

4）$a\leq1$，$b\neq0$，A 表达式为假。

5）$a=2$，$x>1$，B 表达式为真。

6）$a=2$，$x\leq1$，B 表达式为真。

7）$a\neq2$，$x>1$，B 表达式为真。

8）$a\neq2$，$x\leq1$，B 表达式为假。

这里，只要能够覆盖上面 8 个条件取值的组合就符合要求，因此选择以下 4 组测试用例：

1）选择条件 $a=2$，$b=0$，$x=2$，1）和5）组合，执行路径 RACBDE。

2）选择条件 $a=2$，$b=1$，$x=1$，2）和6）组合，执行路径 RABDE。

3）选择条件 $a=1$，$b=0$，$x=2$，3）和7）组合，执行路径 RABDE。

4）选择条件 $a=1$，$b=1$，$x=1$，4）和8）组合，执行路径 RABE。

显然，条件组合覆盖的测试结果，基本上能够涵盖判定覆盖、条件覆盖和判定/条件覆盖的测试结果，但仍不能保证测试到所有的路径，上例中的 RACBE 路径未测试到。

6. 路径覆盖

路径覆盖就是选取足够多的用例，保证程序的所有路径都至少执行一次，如果存在环形结构，也要保证此环的所有路径都至少执行一次。

设计如下 4 组测试用例：

1）$a=1$，$b=1$，$x=1$（满足 $a\leq1$，$b\neq0$，$a\neq2$，$x\leq1$ 的条件），执行路径为 RABE。

2）$a=2$，$b=0$，$x=2$（满足 $a>1$，$b=0$，$a=2$，$x>1$ 的条件），执行路径为 RACBDE。

3）$a=2$，$b=1$，$x=2$（满足 $a>1$，$b\neq0$，$a=2$，$x>1$ 的条件），执行路径为 RABDE。

4）$a=3$，$b=0$，$x=1$（满足 $a>1$，$b=0$，$a\neq2$，$x\leq1$ 的条件），执行路径为 RACBE。

7.3 测试的步骤

软件测试步骤分为 4 步，即单元测试、集成测试、确认测试、系统测试。测试过程如图 7-3 所示。

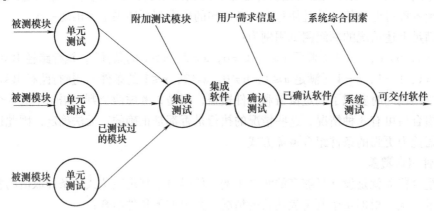

图 7-3 软件测试步骤

7.3.1 单元测试

单元测试又称模块测试，是要检验程序的最小单位（模块）有无错误，它是在编码完成后进行的测试工作。单元测试大都从程序的内部结构出发设计测试用例，宜采用白盒测试法，多个程序模块可以并行地独立开展测试工作。

1. 单元测试的主要任务

单元测试针对每个程序模块，主要解决模块接口、局部数据结构、路径测试、边界条件和出错处理 5 个方面的问题。

（1）模块接口

程序模块作为一个独立的功能模块，需要有输入和输出信息。输入信息可根据具体情况选择：如果输入是通过参数传递得到的，则主要检查形参和实参的数目、次序、类型是否能够匹配；如果是终端输入，则检查读入数据数目、次序、类型是否符合要求。另外，根据程序模块的功能查看输出的结果是否正确。

（2）局部数据结构

模块的局部数据结构是经常发生错误的源头，对于局部数据结构来说，在单元测试中应该注意发现以下几类错误：各种数据类型的说明是否符合语法规则；变量名和使用是否一致；局部变量在引用前是否被赋值或初始化等。

（3）路径测试

测试用例必须尽量覆盖模块中的可执行路径，重点是各种逻辑情况的判定、循环条件的内部和边界的测试，从程序的执行流程上发现错误。

（4）边界条件

实践表明，软件常常在边界地区发生问题。例如，处理 n 维数组的第 n 个元素时很容易出错，循环执行到最后一次执行循环体时也可能出错。因此，必须采用边界值分析法来设计测试用例，仔细地测试为限制数据处理而设置的边界处，看模块是否能够正常工作。

（5）出错处理

测试出错处理的要点是模块在工作中发生了错误，检查其中的出错处理设施是否有效。程序运行中出现异常现象并不奇怪，良好的设计应该预先估计到投入运行后可能发生的错误，并给出相应的处理错误的通路，使得用户不至于束手无策。

用户对这5方面的错误会非常敏感，因此，如何设计测试用例，使得模块测试能够高效率地发现其中的错误，就成为软件测试过程中非常重要的问题。

2. 单元测试的执行过程

一般情况下，单元测试常常是和代码编写工作同时进行的，在完成了程序编写、复查和语法正确性验证后，就应进行单元测试用例设计。

在对每个模块进行单元测试时，不能完全忽视它们和周围模块的相互关系。图7-4展示了单元测试的测试环境。为模拟这一联系，在进行单元测试时，需设置若干辅助测试模块。辅助模块有两种，一种是驱动（driver）模块，用以模拟被测模块的上级模块。驱动模块在单元测试中接收测试数据，把相关的数据传送给被测模块，启动被测模块，并打印出相应的结果；另一种是桩（stub）模块，用以模拟被测模块工作过程中所调用的模块。桩模块由被测

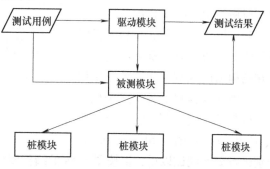

图7-4 单元测试的测试环境

模块调用，它们一般只进行很少的数据处理，例如打印入口和返回，以便于检验被测模块与其下级模块的接口。

驱动模块和桩模块都是额外的开销，这两种模块虽然在单元测试中必须编写，但却不作为最终的软件产品提供给用户。如果驱动器和桩很简单，那么开销相对较低。然而，使用

"简单"的模块是不可能进行足够的单元测试的，模块间接口的全面检验要推迟到集成测试时进行。

7.3.2 集成测试

集成测试阶段是指每个模块完成单元测试以后，需要按照设计时确定的结构图，把它们连接起来，进行集成测试。很多实际的例子表明，软件的一些模块能够单独地工作，但不能保证连接之后也能正常工作。程序在某些局部反映不出的问题，在全局上很可能暴露出来，影响软件功能的实现。

集成测试阶段需要考虑的问题是：当将各个模块连接起来，穿越模块接口的数据是否会丢失；一个模块的功能是否会对另一个模块的功能产生不利的影响；各个子功能组合起来，能否达到预期要求的父功能；全局数据结构是否有问题；单个模块的误差积累起来，是否会被放大，从而达到不能接受的程度。

在单元测试的同时可以进行集成测试，发现并排除在模块连接中可能出现的问题，最终构成要求的软件系统。子系统的集成测试也称为构件测试，它所做的工作是要找出集成后的子系统与系统需求规格说明之间的不一致。

集成测试主要包括两种不同的方法：非增式集成测试和增式集成测试。

1. 非增式集成测试方法

概括来说，非增式集成测试方法是采用一步到位的方法来构造测试：对所有模块进行个别的单元测试后，按程序结构图将各模块连接起来，把连接后的程序当作一个整体进行测试。

图 7-5 给出的是采用这种非增式集成测试方法的一个典型例子。被测程序的结构由图 7-5a 表示，它由 6 个模块构成。在进行单元测试时，根据它们在结构图中的地位，对模块 B、C 和 D 配备了驱动模块和桩模块，对模块 E 和 F 只配备了驱动模块。对主模块 A 由于它处在结构图的顶端，无其他模块调用它，因此仅为它配备了三个桩模块，以模拟被它调用的三个模块 B、C 和 D，如图 7-5b ~ g 所示。

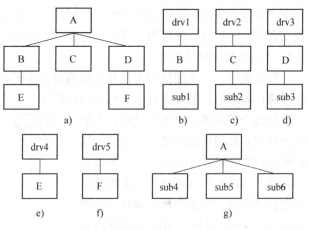

图 7-5 非增式集成测试的例子

分别进行单元测试以后，再按图 7-5a 的结构图形式连接起来，进行集成测试。

2. 增式集成测试方法

增式集成测试的做法与非增式测试有所不同。它的集成是逐步实现的，因此集成测试也是逐步完成的。也可以说，它把单元测试与集成测试结合起来进行，在集成的过程中一边连接一边测试，以发现连接过程中产生的问题。增式集成测试可按不同的次序实施，因而又有两种方法，即自顶向下结合和自底向上结合。

自顶向下增式集成测试表示逐步集成和逐步测试是按结构图自上而下进行的，即模块集成的顺序是首先集成主控模块（主程序），然后按照控制层次结构向下进行集成。从属于主控模块的模块按深度优先方式（纵向）或者广度优先方式（横向）集成到结构中去。自顶向下的增式集成测试在测试过程中较早地验证了主要的控制和判断点。

深度优先的集成首先集成在结构中的一个主控路径下的所有模块，主控路径的选择是任意的。例如，可以先选择最左侧的模块，然后选择中间的模块，直到最右侧的模块。选用按深度方向集成的方式，可以首先实现和验证一个完整的软件功能。广度优先的集成首先沿着水平方向，把每一层中所有直接隶属于上一层的模块集中起来，直至最底层。

集成测试的整个过程由下列步骤完成：

1）主控模块作为测试驱动器。

2）根据集成的方式（深度或广度），下层的桩模块一次一个地被替换为真正的模块。

3）在每个模块被集成时，都必须进行单元测试。

4）回到步骤2）重复进行，直到整个系统结构被集成完成。

图7-6给出了一个按广度优先方式进行集成测试的典型例子。首先，对顶层的主模块A进行单元测试，这时需配以桩模块sub1、sub2和sub3（见图7-6a），以模拟被它调用的模块B、C和D。其后，把模块B、C和D与顶层模块A连接起来，再对模块B和D配以桩模块sub4和sub5以模拟对模块E和F的调用，这样按图7-6b的形式完成测试。最后，去掉桩模块sub4和sub5，把模块E和F连上即对完整的结构图（见图7-6c）进行测试。

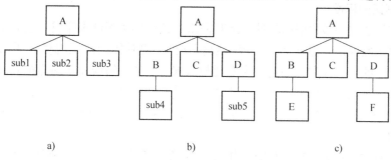

图7-6 自顶向下增式测试的例子

自底向上增式集成测试表示逐步集成和逐步测试的工作是按结构图自下而上进行的，由于是从最底层开始集成，所以也就不再需要使用桩模块来辅助测试。在模块的测试过程中需要从子模块得到的信息可以直接运行子模块得到。

图7-7表示了采用自底向上增式测试实现同一实例的过程。图7-7a、b和c表示：树结构图中处在最下层的叶结点模块E、C和F，由于它们不再调用其他模块，对它们进行单元测试时，只需配以驱动模块drv1、drv2和drv3，用来模拟B、A和D对它们的调用。完成这三个单元测试以后，再按图7-7d和e的形式，分别将模块B和E及模块D和F连接起来，在配以驱动模块drv4和drv5的条件下实施部分集成测试。最后再按图7-7f的形式完成整体的集成测试。

混合增式集成测试包括：演变的自顶向下的增式集成测试，首先对输入/输出模块和引入新算法的模块进行测试；再自底向上集成为功能相当完整且相对独立的子系统；然后由主模块开始自顶向下进行增式集成测试。自底向上—自顶向下的增式集成测试，首先对含读操作的子系统自底向上直至根结点模块进行集成和测试；然后对含写操作的子系统做自顶向下

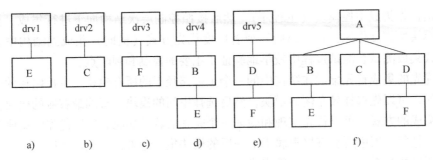

图7-7 自底向上增式测试的例子

的集成和测试。集成测试阶段的回归测试，采取自顶向下的方式测试被修改的模块及其子模块；然后将这一部分视为子系统，再自底向上测试。

7.3.3 确认测试

确认测试又称为有效性测试和合格性测试。当集成测试完成之后，分散开发的模块将被连接起来，从而构成完整的程序。其中各个模块之间接口存在的种种问题都已消除，此时可进行测试工作的最后部分，确认测试。确认测试是检验所开发的软件是否能按用户提出的要求进行工作。

1. 确认测试的标准

软件确认要通过一系列证明软件功能和需求一致的黑盒测试来完成。在需求规格说明书中可能作了原则性规定，但在测试阶段需要更详细、更具体的测试规格说明书做进一步说明，列出要进行的测试种类，并定义为发现与需求不一致的错误而使用详细测试用例的测试过程。经过确认测试，应该为已开发的软件给出结论性评价：

1）经过检验的软件功能、性能及其他要求均已满足需求规格说明书的规定，因而可被认为是合格的软件。

2）经过检验发现与需求说明书有相当的偏离，得到一个各项缺陷清单。对于这种情况，往往很难在交付期之前把发现的问题纠正过来。这就需要开发部门与用户进行协商，找出解决的办法。

2. 配置审查的内容

确认过程的重要环节就是配置审查工作，其目的在于确保已开发软件的所有文件资料均已编写齐全，并得到分类。这些文件资料包括用户所需资料（如用户手册、操作手册）、设计资料（如设计说明书等）、源程序以及测试资料（如测试说明书、测试报告等）。应当严格遵守用户手册和操作手册中规定的使用步骤，以便检查这些文档资料的完整性和正确性。配置审查有时也称为配置审计。

3. Alpha、Beta 测试

事实上，软件开发人员不可能完全预见用户实际使用程序的情况。例如，用户可能错误地理解命令，或提供一些奇怪的数据组合，亦可能使设计者迷惑等。因此，软件是否真正满足最终用户的要求，应由用户进行一系列验收测试来检验。验收测试既可以是非正式的测试，也可以是有计划、系统的测试。一个软件产品可能拥有众多用户，不可能由每个用户验收，此时多采用称为 Alpha、Beta 测试的过程，以期发现那些似乎只有最终用户才能发现的问题。

　　Alpha 测试是指软件开发公司组织内部人员模拟各类用户对即将面世的软件产品（称为 Alpha 版本）进行测试，试图发现错误并进行修正。Alpha 测试的目的是评价软件产品的 FLURPS（即功能、局域化、可使用性、可靠性、性能和支持）。尤其注重产品的界面和特色。Alpha 测试的关键在于尽可能逼真地模拟实际运行环境和用户对软件的操作，并尽最大努力涵盖所有可能的用户操作方式。Alpha 测试可以从软件产品编码结束之时开始，也可以在模块（子系统）测试完成之后开始，还可以在确认测试完成之后开始，或者在确认测试过程中产品达到一定的稳定和可靠程度之后再开始。

　　经过 Alpha 测试调整的软件产品称为 Beta 版本。紧随其后的 Beta 测试是指软件开发公司组织各方面的典型用户在日常工作中实际使用 Beta 版本，并要求用户报告异常情况，提出批评意见。然后，软件开发公司再对 Beta 版本进行改错和完善。测试时，开发者通常不在测试现场。因而，Beta 测试是在开发者无法控制的环境下进行的软件现场应用。

7.3.4　系统测试

　　软件只是整个计算机系统中的一个组成部分，因此在软件开发完成以后，最终还是要和系统中的其他部分（硬件、网络）集成起来，在投入运行以前要完成系统测试，以保证各组成部分不仅能单独地接受检验，而且在系统各个部分协调工作的环境下也能正常工作。尽管每一个检验有着特定的目标，然而所有的检测工作都要验证系统中每个部分均已得到正确的集成，并能完成指定的功能。下面提及几种系统测试方法：

　　（1）恢复测试方法

　　恢复测试是通过各种手段，强制性地使软件出错而不能正常工作，进而检查软件系统的恢复能力。

　　（2）安全测试方法

　　安全测试的目的在于验证安装在系统内的保护机制能否在实际中保护系统且不受非法侵入，不受各种非法的干扰。

　　（3）强度测试方法

　　强度测试需要在反常的数量、频率或资源的方式下运行系统，以检验系统能力的最高实际限度。

　　（4）性能测试方法

　　性能测试用来测试软件在集成系统中的运行性能，特别是针对实时系统、嵌入式系统。

7.4　常用测试工具及特点

　　随着软件测试的地位逐步提高，测试的重要性逐步显现，测试工具的应用已经成为普遍的趋势。目前用于测试的工具已经比较多了，这些测试工具一般可分为白盒测试工具、黑盒测试工具、性能测试工具，另外还有用于测试管理（测试流程管理、缺陷跟踪管理、测试用例管理）的工具。

　　总的来说，测试工具的应用可以提高测试的质量、测试的效率。但是在测试过程中，并不是所有的测试工具都适合用户使用。同时，有了测试工具，会使用测试工具并不等于测试工具真正能在测试中发挥作用。

1. LoadRunner

LoadRunner 是一种预测系统行为和性能的负载测试工具。通过模拟上千万用户实施并发负载，及时实时性能监测的方式，来确认和查找问题，LoadRunner 能对整个架构进行测试，并能最大限度地缩短测试时间，优化性能和加速应用系统的发布周期。其具有如下特点：

1）轻松创建虚拟用户。利用虚拟用户，可以在 Windows、UNIX 或 Linux 系统的计算机上同时产生成千上万个用户访问，能极大地减少负载测试所需的硬件数量和人力资源。

2）定位性能问题。LoadRunner 内部集成了实时监测器。这些监测器实时地显示交易性能数据和其他系统组件，包括 Application Server、Web Server、网络设备和数据库等的实时性能，有利于更快地发现问题。

3）分析结果以精确定位问题所在。一旦测试完毕，LoadRunner 会收集汇总所有的测试数据，提供高级的分析和报告工具。

4）Enterprise Java Beans（EJB）的测试。LoadRunner 完全支持 EJB 的负载测试。

5）支持无线应用协议。LoadRunner 支持 WAP 和 I-mode 两项最广泛使用的协议。Load-Runner 只需要通过记录一次脚本，就可完全检测出上述无线互联网系统。

6）支持流媒体应用。LoadRunner 可以记录和重放任何流行的多媒体数据格式来诊断系统的性能问题，分析数据的质量。

7）完整的企业应用环境的支持。LoadRunner 广泛支持各种协议，可以测试各种 IT 基础架构。

2. Jtest

Jtest 是 Parasoft 公司推出的一款针对 Java 语言的自动化的白盒测试工具，它通过自动实现 Java 的单元测试和代码标准校验，来提高代码的可靠性。Jtest 先分析每个 Java 类，然后自动生成 Junit 测试用例并执行用例，从而实现代码的最大覆盖，并将代码运行时未处理的异常暴露出来；另外，它还可以检查以 DbC（Design by Contract）规范开发的代码的正确性。用户还可以通过扩展测试用例的自动生成器来添加更多的 Junit 用例。其具有如下特点。

1）通过简单的单击，自动实现代码基本错误的预防，这包括单元测试和代码规范的检查。

2）生成并执行 Junit 单元测试用例，对代码进行即时检查。

3）提供了进行黑盒测试、模型测试和系统测试的快速途径。

4）确认并阻止代码中不可捕获的异常、函数错误、内存泄漏、性能问题、安全弱点的问题。

5）监视测试的覆盖范围。

6）自动执行回归测试。

7）支持 DbC 编码规范。

8）检验超过 350 个来自 Java 专家的开发规范。

9）自动纠正违反超过 160 个编码规范的错误。

10）允许用户通过图形方式或自动创建方式来自定义编码规范。

11）支持大型团队开发中测试设置和测试文件的共享。

12）实现和 IBM Websphere Studio/Eclipse IDE 的安全集成。

3. WebLOAD

WebLOAD 是 RadView 公司推出的一个性能测试和分析工具，它让 Web 应用程序开发者自动执行压力测试；WebLOAD 通过模拟真实用户的操作，生成压力负载来测试 Web 的性能。其具有如下特点：

1）用户创建的是基于 JavaScript 的测试脚本，称为议程 agenda，用它来模拟客户的行为，通过执行该脚本来衡量 Web 应用程序在真实环境中的性能。

2）如有需要，可以在做负载测试的同时，使用服务器监控工具对服务器端的内容进行记录，从而使负载测试更加全面。

4. WAS

Microsoft Web Application Stress Tool 是由微软公司的网站测试人员开发的、专门用来进行实际网站压力测试的一套工具。透过这套功能强大的压力测试工具，可以使用少量的 Client 端计算机仿真出大量用户上线对网站服务可能造成的影响。其具有如下特点。

1）可以数种不同的方式建立测试指令：包含以手动录入浏览器操作步骤，或直接录入因特网信息服务器（Internet Information Server，IIS）的记录文件、录入网站的内容及录入其他测试程序的指令等方式。

2）支持多种客户端接口：标准的网站应用程序 C++ 的客户端，使用 Active Server Page 客户端，或是使用 Web Application Stress（WAS）对象模型建立自定的接口。

3）支持多用户：利用多种不同认证方式仿真实际情况，包含 NTLM、SSL 等。

7.5 软件测试阶段文档写作规范

7.5.1 测试文档的类型

根据测试文档所起的作用不同，通常把测试文档分成 6 类，即测试计划、测试设计、测试开发、测试执行、测试跟踪和测试总结。

测试计划详细规定测试的要求，包括测试的目的、内容、方法以及测试的准则等。由于测试的内容可能涉及软件的需求和设计，因此必须及早开始测试计划的编写工作，不应在测试时才开始考虑测试计划。通常测试计划的编写从需求分析阶段开始，到软件设计阶段结束时完成。

测试设计主要是根据相应的依据（需求分析和概要设计、详细设计等）设计测试方案、测试的覆盖率以及设计测试用例等。

测试开发主要是按照测试设计编写脚本（可以文字描述、采用编程语言编写或采用工具生成）。

测试执行过程中主要是填写测试执行后的测试用例表。

测试跟踪一般采用工具软件跟踪测试的结果。

测试总结是对测试结果的分析说明，并给出评价的结论性意见。测试总结在测试阶段编写。本书主要介绍测试计划、测试设计与测试总结三种文档。

7.5.2 软件测试过程文档

1. 测试计划

测试计划文档的编制是为了提供一个对该软件的测试安排，包括每项测试活动的内容、进度安排、设计考虑、测试数据的整理方法以及评价准则。

如果软件规模比较小，软件系统比较简单，本文档可以不编写。

测试计划文档的主要内容和写作要求参见如下实例。

1　介绍

1.1　目的

说明编写本测试计划文档的目的。

1.2　范围

列出文档覆盖的范围。

1.3　缩写说明

定义文档中所涉及的缩略语。

1.4　术语

列出本测试计划中专门术语的定义。

1.5　引用标准

列出文档制定所依据、引用的标准。

1.6　参考资料

列出文档制定所参考的资料。

1.7　版本更新信息

记录文档版本修改的过程。

2　测试项目

对被测试对象进行描述。

3　测试特性

描述测试特性和不被测特性。

4　测试方法

分析和描述本次测试采用的测试方法和技术。

5　测试标准

描述测试通过的标准以及测试审批的过程。

6　系统测试交付物

测试完成后提交的所有产品。

7　测试任务

说明相关的测试任务。

8　环境需求

包括硬件需求、软件需求、测试工具。

9　角色和职责

明确测试过程中相关人员的角色和职责。

10　人员及培训

明确测试人员，如有需要对相关人员进行培训。

11　系统测试进度

对系统测试进度进行规划与安排。

2. 测试设计

测试设计主要根据相应的依据（需求分析、概要设计、详细设计等）设计测试方案、测试的覆盖率以及设计测试用例等，如表7-1、表7-2所示。

表7-1　测试用例覆盖矩阵

序号	功能项	测试用例	优先级

表7-2　测试用例编码

测试项目名称	测试人员	测试时间
测试项目标题		
测试内容		
测试环境与系统配置		
测试输入数据		
测试次数		
预期结果		
测试过程		
测试结果		
测试结论		
备注		

3. 测试总结

测试总结的编写内容和写作要求参见如下实例。

1　介绍

1.1　目的

说明编写本测试计划文档的目的。

1.2　范围

列出文档覆盖的范围。

1.3　缩写说明

定义文档中所涉及的缩略语。

1.4　术语

列出本测试计划中专门术语的定义。

1.5　引用标准

列出文档制定所依据、引用的标准。

1.6　参考资料

列出文档制定所参考的资料。

1.7　版本更新信息

记录文档版本修改的过程。

2　测试时间、地点和人员

明确测试的时间、地点和相关测试人员。

3　测试环境描述

对测试的软、硬件环境进行描述。

4　测试数据度量

包括测试用例执行度量、测试进度和工作量度量、缺陷数据度量、综合数据分析（计划进度偏差、用例执行效率、缺陷密度、用例质量）。

5　测试评估

包括测试任务评估、测试对象评估。

6　遗留缺陷分析

对在测试过程中遗留下来的相关问题进行分析。

7　审批报告

包括提交人、开发经理、产品经理签字。

8　附件

包括测试用例执行表、测试覆盖率报告、缺陷分析报告等。

7.6　网上招聘系统客户端测试文档

7.6.1　测试计划文档

测试计划文档的内容和写作要求参见如下实例。

1　介绍

1.1　目的

该文档的目的是介绍网上招聘系统项目客户端的系统测试计划，主要包括测试系统简介、测试方法、测试标准、测试计划。

1.2　范围

该文档定义了客户端系统的测试方法、测试标准和时间计划。

1.3　缩写说明

HR：Human Resource（人力资源）的缩写。

JSP：Java Server Page（服务器页面）的缩写，一个脚本化的语言。

MVC：Model-View-Control（模式-视图-控制）的缩写，表示一个三层的结构体系。

Struct：一种框架体系结构。

1.4　术语定义

无。

1.5　引用标准

《企业文档格式标准》

×××软件有限公司

《软件测试计划报告格式标准》

×××软件有限公司软件工程过程化组织

1.6　参考资料

［1］古乐.软件测试技术概论［M］.北京：清华大学出版社，2004.

［2］Jorgensen P C.软件测试［M］.北京：机械工业出版社，2003.

1.7　版本更新信息

略。

2 测试项目

测试的项目是网上招聘系统的客户端功能，即应聘者的登录端。

2.1 测试项目的背景

测试的目的是测试网上招聘系统客户端的职位查询、简历提交等基本功能以及能否支持大数据量并发访问。

2.2 测试要点

2.3 测试内容

测试内容包括功能测试和性能测试。对软件的功能需求进行功能测试，验证是否实现了需求分析中所定义的功能，针对非功能性需求对其进行性能测试，例如在 20 人同时访问的情况下，检查系统是否发生功能上、性能上的问题。

3 测试方法

3.1 测试环境

操作系统：Microsoft Windows 2000 Professional、Microsoft Windows 2000 Server、Microsoft Windows XP Professional，操作系统上必须安装 IIS 4.0 以上版本。

数据库系统：Microsoft SQL Server 2000。

浏览器：Microsoft IE 6.0 以上版本。

硬件要求：

CPU：P4 2.0GHz 以上。

内存：1GB 以上。

硬盘：80GB 以上。

3.2 测试工具

LoadRunner 7.51。

3.3 测试方法

测试策略：

1）功能测试，主要采用等价类划分的策略。

2）压力测试，主要采用边界值分析，错误猜测等策略。

测试手段：

1）功能测试，手动模拟正常、异常输入。

2）压力测试，使用自动化压力测试工具 LoadRunner。

测试内容：

1）功能测试，按照功能需求测试系统功能。

2）性能测试，测试 20 人同时访问的性能情况。

4 测试标准

测试通过/失败标准：测试中发现的缺陷按照严重程度分成不同的级别。

5 测试计划

5.1 角色和职责

测试的角色和职责分配见表 7-3。

表7-3　测试的角色和职责分配

角色	成员	职责
测试经理	张三	制订测试计划，组织测试工作，系统测试用例评审，测试总结，报告评审，提交测试输出文档
测试工程师	李四	系统测试用例编写，系统测试用例执行，填写测试跟踪结果报告，系统测试总结报告编写
测试系统管理员	王五	测试环境的搭建，测试软件的维护，测试数据的建立

5.2　测试设计工作任务和工作安排

测试设计工作任务和工作安排见表7-4。

表7-4　工作任务与安排

序号	工作任务	时间/工作日	开始时间	结束时间	备注
1	复习已有资料，了解测试需求，学习使用测试软件	1/2	2008. 2. 1	2008. 2. 1	
2	制定测试计划	1/2	2008. 2. 3	2008. 2. 3	
3	制定测试用例	2	2008. 2. 6	2008. 2. 8	
4	测试用例评审	1/2	2008. 2. 10	2008. 2. 10	
5	准备系统测试环境，安装软件	1/2	2008. 2. 11	2008. 2. 11	
6	系统测试并记录跟踪报告	10	2008. 2. 13	2008. 2. 23	
7	回归测试	2	2008. 2. 25	2008. 2. 25	
8	测试报告	1	2008. 2. 27	2008. 2. 27	

6　审批

经过项目组成员和专家评审，测试计划评审通过。

7.6.2　测试设计文档

测试设计文档的内容和编写要求参见如下实例。

1　介绍

1.1　目的

编写该文档的目的是介绍网上招聘系统项目客户端的系统测试设计，主要包括测试总体设计和测试用例设计。

1.2　范围

略。

1.3　缩写说明

HR：Human Resource（人力资源）的缩写。

JSP：Java Server Page（服务器页面）的缩写，一个脚本化的语言。

MVC：Model-View-Control（模式-视图-控制）的缩写，表示一个三层的结构体系。

Struct：一种框架体系结构。

1.4　术语定义

无。

1.5　引用标准

《企业文档格式标准》

×××软件有限公司

《软件测试计划报告格式标准》

×××软件有限公司软件工程过程化组织

1.6 参考资料

[1] 古乐. 软件测试技术概论 [M]. 北京：清华大学出版社，2004.

[2] Jorgensen P C. 软件测试 [M]. 北京：机械工业出版社，2003.

1.7 版本更新信息

略。

2 测试设计

对软件进行功能性测试和非功能性测试。

2.1 测试范围

职位查询页面：在职位列表中显示职位名称、职位发布日期、截止日期、职位类型、招聘人数等，按职位发布日期排序。当单击"职位名称"时进入"职位详细信息"页面，"职位详细信息"页面显示职位名称、职位描述、职位要求、招聘人数。

2.2 测试覆盖设计

由于本次测试是系统测试，测试的依据是系统需求，测试的设计应该满足对需求的覆盖，所以采用的测试方法是黑盒测试。表7-5为测试用例与功能项对照表。

表7-5 测试用例与功能项对照表

序号	功能项	测试用例	优先级
1	应聘职位信息列表正确	TestCase-01	高
2	应聘职位详细信息正确	TestCase-02	高
3	并发访问的性能测试	TestCase-03	高

3 测试用例

设计显示职位列表、职位详细信息、性能测试的测试用例见表7-6～表7-8。

表7-6 显示职位列表用例

测试项目名称：网上招聘系统—客户端		
测试用例编号：TestCase-01	测试人员：王露	测试时间：2008.2.15
测试项目标题：职位列表的显示		
测试内容： 验证网页上的表格是否正确显示； 验证在职位列表中是否正确显示职位名称、职位发布日期、截止日期、职位类型、招聘人数		
测试环境与系统配置： 软件环境：Windows XP Professional 硬件环境：CPU：P4 2.0GHz 内存：1GB 硬盘：80GB 网络环境：4MB/s 带宽		
测试输入数据：		
测试次数：至少2种浏览器进行测试，并刷新2次		
预期结果：网页正确显示，在职位列表中显示职位名称、职位发布日期、截止日期、职位类型、招聘人数		
测试过程：在IE浏览器地址栏中输入 http：//202.118.214.10/client/job.jsp		
测试结果：		
测试结论：		
备注：无		

表 7-7　职位详细信息用例

测试项目名称：网上招聘系统—客户端		
测试用例编号：TestCase-02	测试人员：张林	测试时间：2008.2.16
测试项目标题：职位详细信息查询		

测试内容：
验证网页上的表格是否正确显示了职位名称、职位发布日期、截止日期、职位类型、招聘人数；
验证职位详细信息页面上的信息是否与职位列表中有关的信息相符

测试环境与系统配置：
软件环境：Windows XP Professional
硬件环境：CPU：P4 2.0GHz　内存：1GB　硬盘：80GB
网络环境：4MB/s 带宽

测试输入数据：

测试次数：至少测试 3 个不同的职位，并随机进行

预期结果：职位详细页面上显示职位名称、职位发布日期、截止日期、职位类型、招聘人数

测试过程：在显示的职位列表中随机地单击某一职位名称

测试结果：

测试结论：

备注：无

表 7-8　性能测试用例

测试项目名称：网上招聘系统—客户端		
测试用例编号：TestCase-03	测试人员：刘丽	测试时间：2008.2.17
测试项目标题：并发访问的性能测试		

测试内容：
20 个应聘者同时访问系统时，系统的性能情况

测试环境与系统配置：
软件环境：Windows XP Professional
硬件环境：CPU：P4 2.0GHz　内存：1GB　硬盘：80GB
网络环境：4MB/s 带宽

测试输入数据：
生成单用户正常访问脚本；
对脚本参数化；
在脚本中增加事物、集合点，以每次单击"下一步"按钮或"提交"按钮为界限脚本

测试次数：每个测试过程做 2 次

预期结果：有错误提示，或无

测试过程：使用 LoadRunner 实现

测试结果：

测试结论：

备注：无

其他测试用例略。

小 结

软件测试是软件质量保证的重要手段。归纳起来，软件测试用例分为白盒测试和黑盒测试两种。白盒测试是对程序的内部细节进行检查的过程，主要在编码和测试的早期阶段使用；黑盒测试是对程序的功能进行检查，不考虑具体的实现细节，主要在测试的后期阶段。两种测试是互相补充的，可根据被测试软件的实际情况组合使用，以保证测试的全面性和有效性。

软件测试工作应遵循一定原则有条理进行，测试工作需要按照以下几个步骤进行：编码阶段应完成单元测试，集成阶段应完成集成测试与确认测试，系统测试则在安装与验收阶段进行。各级测试都应事先计划、事后报告并正式存档，供维护使用。测试一旦发现错误，必须定位错误并加以纠正。

习 题 7

1. 软件测试的目的是什么？在测试中，应注意哪些原则？
2. 什么是白盒测试？有哪些覆盖标准？试对它们的检错能力进行比较？
3. 什么是黑盒测试？采用黑盒测试技术设计测试用例有哪几种方法？
4. 软件测试要经过哪些步骤？这些测试与软件开发各阶段之间有什么联系？

第8章 维 护

本章要点

本章主要介绍软件维护的概念、特点、具体步骤以及软件维护过程文档的写作规范和方法。

教学目标

了解软件维护的概念、特点以及具体的维护步骤，提高对维护重要性的认识，通过具体实例分析，掌握软件维护过程文档的写作规范。

8.1 软件维护的概念及特点

1. 软件维护的概念

软件维护是指在软件运行或维护阶段对软件产品所进行的修改，这些修改可能是改正软件中的错误，也可能是增加新的功能以适应新的需求，但是一般不包括软件系统结构上的重大改变。根据软件维护的不同原因，软件维护可以分成以下4种类型。

（1）改正性维护

在软件交付使用后，由于开发时测试得不彻底或不完全，在运行阶段会暴露一些开发时未能测试出来的错误。为了识别和纠正软件错误，改正软件性能上的缺陷，避免实施中的错误使用，应当进行的诊断和改正错误的过程，就是改正性维护。

（2）适应性维护

随着计算机技术的飞速发展和更新换代，软件系统所需的外部环境或数据环境可能会更新和升级，如操作系统或数据库系统的更换等。为了使软件系统适应这种变化，需要对软件进行相应的修改，这种维护活动称为适应性维护。

（3）完善性维护

在软件的使用过程中，用户往往会对软件提出新的功能与性能要求。为了满足这些要求，需要修改或再开发软件，以扩充软件功能，增强软件性能，改进加工效率，提高软件的可维护性。这种情况下进行的维护活动叫作完善性维护。完善性维护不一定是救火式的紧急维修，也可以是有计划的一种再开发活动。

（4）预防性维护

这类维护是为了提高软件的可维护性、可靠性等，为以后进一步改进软件打下良好基础的维护活动。具体来讲，就是采用先进的软件工程方法对需要维护的软件或软件中的某一部分重新进行设计、编码和测试的活动。

116

国外的统计调查表明，在整个软件维护阶段所花费的全部工作量中，完善性维护约占50%，适应性维护约占25%，改正性维护约占20%，预防性维护约占5%，如图8-1所示。这说明大部分的维护工作是改变和加强软件，而不是纠错。

2. 软件维护的特点

（1）软件维护受开发过程影响大

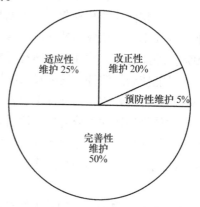

虽然软件维护发生在软件发布运行之后，但是软件开发过程却在很大程度上影响着软件维护的工作量。如果采用软件工程的方法进行软件开发，保证每个阶段都有完整且详细的文档，这样维护就会相对容易，通常被称为结构化维护；反之，如果不采用软件工程方法开发软件，软件只有程序而欠缺文档，则维护工作会变得十分困难，通常被称为非结构化维护。

图8-1 维护工作量的分布

在非结构化维护过程中，开发人员只能通过阅读、理解和分析源程序来了解系统功能、软件结构、数据结构、系统接口和设计约束等，这样做是十分困难的，也容易产生误解。要弄清楚整个系统，势必要花费大量的人力和物力，对源程序修改产生的后果难以估计。在没有文档的情况下，也不可能进行回归测试，很难保证程序的正确性。

在结构化维护的过程中，所开发的软件具有各个阶段的文档，它对于理解和掌握软件的功能、性能、体系结构、数据结构、系统接口和设计约束等有很大的作用。维护时，开发人员从分析需求规格说明开始，明白软件功能和性能上的改变，对设计说明文档进行修改和复查，再根据设计修改进行程序变动，并用测试文档中的测试用例进行回归测试，最后将修改后的软件再次交付使用。这种维护有利于减少工作量和降低成本，能大大提高软件的维护效率。

（2）软件维护困难多

软件维护是一件十分困难的工作，其原因主要是由于软件需求分析和开发方法的缺陷造成的。软件开发过程中没有严格而又科学的管理和规划，便会引起软件运行时的维护困难。

软件维护的困难主要表现在以下几个方面。

1）读懂别人的程序是很困难的，而文档的不足更增加了这种难度。一般开发人员都有这样的体会，修改别人的程序还不如自己重新编写程序。

2）文档的不一致性是软件维护困难的又一个因素，主要表现在各种文档之间的不一致以及文档与程序之间的不一致性，从而导致维护人员不知所措，不知怎样进行修改。这种不一致性是由于开发过程中文档管理不严造成的，开发中经常会出现修改程序而忘了修改相关的文档，或者某一个文档修改了，却没有修改与之相关的其他文档等现象，解决文档不一致性的方法是加强开发工作中文档的版本管理。

3）软件开发和软件维护在人员和时间上存在差异。如果软件维护工作是由该软件的开发人员完成，则维护工作相对比较容易，因为这些人员熟悉软件的功能和结构等。但是，通常开发人员和维护人员是不同的，况且维护阶段持续时间很长，可能是5～10年的时间，原来的开发工具、方法和技术与当前有很大的差异，这也造成了维护的困难。

4）软件维护不是一件吸引人的工作。由于维护工作的困难性，维护经常遭受挫折，而且很难出成果，所以高水平的程序员自然不愿主动去做，而公司也舍不得让高水平的程序员去做。

（3）软件维护成本高

随着软件规模和复杂性的不断增长，软件维护的成本呈现上升的趋势。1970 年，软件维护的成本只占总成本的 35% ～40%，1980 年上升为 40% ～60%，1990 年上升为 70% ～80%。除此之外，软件维护还有无形的代价，由于维护工作占据着软件开发的可用资源，因而有可能使新的软件开发因投入的资源不足而受到影响，甚至错失市场良机。况且，由于维护时对软件的修改，在软件中引入了潜在的故障，从而降低了软件的质量。

软件维护活动可分为生产性活动和非生产性活动。生产性活动包括分析评价、修改设计和编写程序代码等；非生产性活动包括理解程序代码功能、数据结构、接口特点和设计约束等。因此，维护活动的总工作量可以用下面的公式表示：

$$M = P + K\exp(c - d)$$

式中，M 表示维护工作的总工作量；P 表示生产性活动的工作量；K 表示经验常数；c 表示复杂性程度；d 表示维护人员对软件的熟悉程度。

这个公式表明，若 c 越大，d 越小，则维护工作量将呈指数规律增加。c 增加表示软件未采用软件工程方法开发，d 减小表示维护人员不是原来的开发人员，对软件的熟悉程度低，重新理解软件花费很多的时间。

8.2 软件的可维护性

软件的可维护性是软件产品的一个重要质量特性。对软件维护性进行度量，不仅有利于了解软件是否满足规定的维护性要求，而且有助于及时发现维护性设计缺陷，还可以作为更改设计或维护安排的依据，指导软件维护性的分析和设计。可维护性是指导软件工程各个阶段工作的一条基本原则，也是软件工程追求的目标之一。

目前广泛使用的是如下 7 个特性，以此来衡量程序的可维护性，而且对于不同类型的维护，这 7 种特性的侧重点也不相同。表 8-1 显示了在各类维护中应侧重哪些特性。

表 8-1　在各类维护中的侧重点

特　性	改正性维护	适应性维护	完善性维护
可理解性	✓		
可测试性	✓		
可修改性	✓	✓	
可靠性	✓		
可移植性		✓	
可使用性		✓	✓
执行效率			✓

（1）可理解性

软件的可理解性表现在人们通过阅读源程序代码和相关文档，了解程序的结构、功能及使用的容易程度。一个可理解性好的程序应具备以下一些特性。

1）编程环境：选择高级程序设计语言。

2）模块化：模块结构良好、功能独立。

3）编程风格：使用有意义的数据名和过程名，语句间层次关系清晰。

4）文档说明：必要的注释，详细的设计文档和程序内部的文档。

（2）可测试性

软件的可测试性取决于验证程序正确性的难易程度。程序复杂程度、结构组织情况，都直接影响对程序的全面理解，也影响着测试数据的选择，最终决定了测试工作的有效性和全面性。对于程序模块，可用程序复杂性来度量可测试性。程序的环路复杂性越大，程序的路径就越多，因此全面测试程序的难度就越大。

（3）可修改性

可修改性是指修改程序的难易程度。一个可理解性的程序也具有较好的可修改性，另外，采用的编程环境及程序的结构划分等都对可修改性有影响。在进行程序设计时，应该采用模块化程序设计，模块的逻辑结构清晰，控制结构不要过于复杂，嵌套结构的层次也不要过深，且模块具有低耦合、高内聚的特点，这些都有助于对程序进行修改，且相对较少地引入新的错误。

（4）可靠性

可靠性是指一个程序在满足用户功能需求的基础上，在一定时间内正确执行的概率，可靠性的度量标准有平均失效间隔时间和平均修复时间。软件的平均失效间隔时间越长，平均修复时间越短，说明软件的可靠性越好，这样有助于减少由于修复软件而出现更多的错误，有利于维护工作的进行。

（5）可移植性

可移植性是指将程序从原来环境中移植到一个新的计算机环境的难易程度，它在很大程度上取决于编程环境、程序结构的设计和对硬件及其他外部设备等的依赖程度。一个可移植的程序应该是结构良好、设计灵活、不依赖或较少依赖某一具体计算机或操作系统的性能，对程序进行局部修改就可运行于新的计算机环境中。

（6）可使用性

可使用性是指某一功能模块在软件实现过程中的重复使用频率。通常情况下，可使用的软件构件都是经过严格测试和多次使用的，这些构件的可靠性和可测试性都比重新设计的模块要好。因此，软件系统中使用的可使用构件越多，软件的可靠性越好，改正性维护的需求越少，完善性和适应性维护越容易。

（7）执行效率

执行效率是指软件在运行过程中对机器资源的浪费程度，即对存储容量、通道容量和执行时间的使用情况。编程时，不能一味地追求高效率，有时也要牺牲部分的执行效率而提高程序的其他特性。

8.3　软件维护的步骤

软件维护工作包括建立维护组织、报告与评估维护申请、实施维护流程等步骤。软件维护组织一般是非正式的组织，但是明确参与维护工作的人员职责是十分必要的。

在图 8-2 表示的组织模式中，维护管理员接收维护申请，并将其转交给维护负责人，他们分析和评价软件维护申请可能引起的软件变更，并由变更控制管理机构决定是否进行变更，最终由维护人员对软件进行修改。

图 8-2 软件维护组织形式

软件维护工作的整个过程如图 8-3 所示，包括维护申请、维护分类、影响分析、版本规划、变更实施和软件发布等步骤。当开发组织外部或内部提出维护申请后，维护人员首先应该判断维护的类型，并评价维护所带来的质量影响和成本开销，决定是否接受该维护请求，并确定维护的优先级；其次根据所有被接受维护的优先级，统一规划软件的版本，决定哪些变更在下一个版本完成，哪些变更在更晚推出的版本完成。最后，维护人员实施维护任务并发布新的版本。

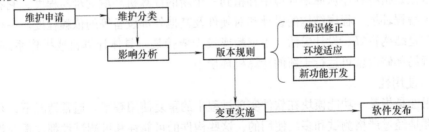

图 8-3 软件维护过程

在影响分析和版本规划的过程中，不同的维护类型需要采用不同的维护策略。

1）改正性维护。首先应该评价软件错误的严重程度，对于十分严重的错误，维护人员应该立即实施维护；对于一般性的错误，维护人员可以将有关的维护工作与其他开发任务一起进行规划。在有些情况下，有的错误非常严重，以致不得不临时放弃正常的维护控制工作程序，即不对修改可能带来的副作用做出评价，也不对文档作相应的更新，而是立即进行代码的修改。这是一种救火式的改正性维护，只有在非常紧急的情况下才使用，这种维护在全部维护中只占很小的比例。应当说明的是，救火式不是取消，只是推迟了维护所需要的控制和评价。一旦危机取消，这些控制和评价活动必须进行，以确保当前的修改不会增加更为重要的问题。

2）适应性维护。首先应该确定软件维护的优先次序，再与其他开发任务一起进行规划。

3）完善性维护。考虑到商业上的需要和软件的发展趋势，有些完善性维护可能不会被接受。对于被接受的维护申请，应该确定其优先次序并规划其开发工作。

对于任何类型的软件维护来说，维护实施的技术工作基本都是相同的，主要包括设计修改、设计评审、代码修改、单元测试、集成测试、确认测试和复审。在维护流程中，最后一项工作是复审，即重新验证和确认软件配置所有成分的有效性，并确保在实际上完全满足维护申请的要求。

8.4 软件维护过程文档写作规范

适应性维护和完善性维护的过程与产品开发过程基本相同，维护过程中的很多文档是对需求分析、概要设计、详细设计、编码、测试等阶段文档的升级。本章只描述改正性维护过程中的维护记录，见表 8-2。

表 8-2 维护记录

序号	维护请求日期	问题描述	提交日期	维护规模	维护人

8.5 用户手册的主要内容及写作要求

用户手册对于软件维护也有帮助，本节介绍有关用户手册的主要内容及写作规范。

用户手册的编制要使用非专门术语的语言，充分地描述该软件系统所具有的功能及基本的使用方法。使用户通过本手册能够了解该软件的用途，并且能够确定在什么情况下如何使用。

用户手册的主要内容及写作要求参见如下实例。

1 引言

1.1 目的

说明编写本用户手册的目的。

1.2 背景

列出本项目的任务提出者、项目负责人、系统分析员、系统设计员、程序设计员、程序员、资料员以及与本项目开展工作直接有关的人员和用户。

1.3 参考资料

列出编写本用户手册时参考的文件、资料、技术标准以及它们的作者、标题、编号、发布日期和出版单位等。

1.4 术语

列出本用户手册中专门术语的定义以及英文缩写词的原词组。

2 用途

逐项说明本软件具有的各项功能及性能。

3 运行环境

3.1 硬件设备

列出为运行本软件所需要硬件设备的最小配置，如计算机型号、内存容量、数据处理机的型号等。

3.2　支持软件

说明为运行本软件所需要的支持软件，如操作系统的名称和版本号、编程语言的编译、汇编系统的名称和版本号等。

4　使用规程

4.1　安装与初始化

说明程序的存储形式、安装与初始化过程中的全部操作命令、系统对这些命令的反应和回答信息、表征安装工作完成的测试实例以及安装过程中使用的软件工具。

4.2　输入

输入设备及用途；操作方式和命令；输入格式。

4.3　输出

输出设备及用途（记带、绘图、打印、显示等）；操作方式和命令；输出格式。

4.4　文件查询

对具有查询能力的软件，说明查询的能力、方式、所使用的命令和所要求的控制规定。

4.5　输入参数、输出信息及使用实例

4.5.1　输入参数的约定

描述输入参数的个数、位置、类型和默认值。

4.5.2　输出信息

正常信息的格式及内容；错误信息的格式及内容。

4.5.3　使用实例

给出使用实例。

5　出错处理和恢复

指出为了确保再启动和恢复的能力，必须遵循的处理过程。

6　终端操作

当软件是在多终端系统上工作时，应编写本项，以说明终端的配置安排、连接步骤、数据和参数输入步骤以及控制规定。说明通过终端进行查询、检索、修改数据文件的能力、语言、过程以及辅助性程序等。

8.6　网上招聘系统维护文档

网上招聘系统维护文档见表8-3。

表8-3　维护记录

序号	维护请求日期	问题描述	提交日期	维护规模	维护人
1	2008.9.10	简历管理模块，增加一些筛选功能，筛选出满足一定学历的人，筛选满足性别、分数、工作经验等组合条件的人	2008.10.8	8天	刘丽

小 结

在软件生存周期中，维护工作是不可避免的。根据软件维护的不同原因，软件维护可以分成4种类型：改正性维护、完善性维护、适应性维护、预防性维护。

软件的可维护性是软件产品的一个重要质量特性，是软件开发各个阶段都努力追求的目标之一。本章介绍了目前广泛使用的衡量程序的可维护性的 7 个特性：可理解性、可测试性、可修改性、可靠性、可移植性、可使用性、执行效率。但不管是哪一类维护活动，维护工作都应要有计划、有步骤地进行。

习 题 8

1. 为什么说软件维护是不可避免的？
2. 软件维护分哪几种类型？软件的可维护性与哪些因素有关？

第 9 章　面向对象的基本概念及UML

本章要点

本章主要介绍面向对象的基本概念、UML 基本概念、UML 的特点、UML 的构成、UML 的视图、UML 的模型元素、UML 的基本准则和图形表示。

教学目标

了解基本概念、UML 的特点，掌握 UML 的构成、UML 的视图、UML 的模型元素、UML 的基本准则和图形表示。

9.1　传统方法学与面向对象方法比较

1. 传统方法学的缺点

传统的软件工程方法需要的人力、物力都比较多，流程比较长，所以其生产率的提高并不快。另外，作为结构化软件设计、程序设计、分析技术等，都是针对问题空间提出的解决方案，而没有考虑提出一些能适用于另外一个程序的模块，所以软件重用程度很低。虽然有很多方法为软件提供功能、性能的维护，但当软件运行时，仍然有很多困难，所以不得不找到原来的开发人员，致使很难维护整个软件项目。在需求分析之后，由于很少跟用户接触，使得软件的开发不能跟上用户需求的发展，导致软件往往不能真正满足用户需要。

2. 面向对象方法的特点

面向对象技术是软件工程领域中的重要技术，与传统的结构化软件开发方法不同，该技术是一种面向对象的思维应用于软件开发过程的系统方法。面向对象方法具有如下特点。

（1）与人类习惯的思维方法一致

客观世界是由各种对象组成的，面向对象方法根据人类传统的思维方式，对客观世界建立软件模型。在进行软件开发时，面向对象方法以系统实体为基础，并将其属性与方法封装为对象。在软件分析、设计、实现、测试等阶段均以对象的形式体现出来，容易被人们理解和接受。

（2）软件系统结构稳定

面向对象方法以对象为中心构造软件系统，根据问题域模型建立软件系统的结构。由于对象的属性和方法已封装在对象中，当软件系统的功能需求发生变化时，不会引起软件整体结构变化，仅需对一些局部对象进行修改。

（3）软件系统具有可复用性

软件复用可以提高软件的生产效率，由于对象具有封装、继承等特性，使其容易实现软件复用。当由父类派生子类时，子类可以继承父类的所有属性和方法，并且还可以扩充子类的属性和方法。

（4）软件系统易于维护

使用面向对象开发的软件，其系统结构稳定，对象之间通过消息进行联系，开发人员通过接口访问对象。继承机制使得软件的维护工作更加容易，当系统产生错误或需求变更时，只需要修改相应的对象即可。

9.2 面向对象的基本概念

软件工程学家 Coad 和 Yourdon 给出了一个定义："面向对象（Object – Oriented）= 对象（Object）+ 继承（Inheritance）+ 通信（Communication）"。如果一个软件系统是使用这样三个概念设计和实现的，则认为这个软件系统是面向对象的。一个面向对象的程序的每一成分应是对象，计算机是通过新的对象的建立和对象之间的消息通信来执行的。

1. 对象

对象是系统中描述客观事物的一个实体，它是构成系统的一个基本单位，由一组属性和对这组属性进行操作的一组服务组成。属性是用来描述对象静态特征的一个数据项，如某个具体的学生张三，具有姓名、年龄、性别、家庭住址等数据值，用这些数据值来表示这个学生的具体情况。服务是用来描述对象动态特性的一个操作序列，用于改变对象的状态，就是对象的行为。如某个学生经过"增加学分"的操作，他的学分就会发生变化。

2. 类

类是具有相同属性和服务的一组对象的集合，它为属于该类的全部对象提供了统一的抽象描述，其内部包括属性和服务两个主要部分，如图 9-1 所示。

图 9-1 类的符号表示

类代表的是一个抽象的概念或事物，在客观世界中实际存在的是类的实例，即对象。例如学籍管理系统中，"学生"是一个类，"张三"是一个具体对象，也是"学生"这个类的一个具体实例。与对象相比较，类是静态的，类的存在、语义和关系在程序执行前就已经定义好了，而对象是动态的，对象在程序执行时可以被创建和删除。在面向对象的系统分析和设计中，并不需要逐个对对象进行说明，而是着重描述代表一批对象共性的类。

3. 类对象

类对象指的是类和类中的对象，其符号表示如图 9-2 所示。类分 3 个区域，对象用围绕着类的 3 个区域的虚框表示，在表示类的 3 个区域内，标出类对象的名称、属性及服务，这是具有对象的类，是一种具体类。

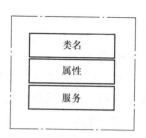

图 9-2 类对象的符号表示

4. 消息

消息是对象发出的服务请求，一般包含提供服务的对象标识、服务标识、输入和应答等信息。对象间只能通过发送消息进行联系，一个对象向另一个对象发出消息请求某项服务，接收消息的对象响应该消息，激发所要求的服务操作，并将操作结果返回给请求服务的对象。

5. 封装性

封装性是把对象的属性和服务结合成一个独立的系统单位。封装是面向对象的一个重要概念。封装是一种信息隐蔽技术，用户只能见到对象封装界面上的信息，对象内部对用户是隐蔽的。也就是说，用户只知道某对象是"做什么的"，而不知道"怎么做"。封装将外部接口与内部实现分离开来，用户不必知道行为实现的细节，只需用消息来访问该对象。

封装体现了良好的模块性，它将定义模块和实现模块分开。封装使对象的内部软件的范围边界清楚，有一个描述该对象和其他的对象之间通信的接口，使模块内部的数据受到很好的保护，避免外部的干扰。封装增强了软件的可维护性，这也是软件技术追求的目标。

6. 继承性

继承性是指子类可以自动拥有父类的全部属性和服务。例如一个经理类继承自另一个员工类，就把经理类称为员工类的子类，而把员工类称为经理类的父类，如图9-3所示。

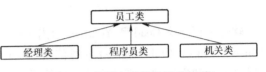

图9-3　父类和子类的继承关系

同理，程序员类、机关类也是员工类的子类；反之，员工类称为程序员类、机关类的父类。继承可以使得子类具有父类的各种属性和方法，而不需要再次编写相同的代码。在令子类继承父类的同时，可以重新定义某些属性，并重写某些方法，即覆盖父类的原有属性和方法，使其获得与父类不同的功能。

继承分为单重继承和多重继承。在类的层次结构中，一个类可以有多个子类，也可以有多个父类。如果一个类至多只能有一个父类，则一个类最多只能直接继承一个类，这种继承方式，称为单重或简单继承。简单继承是树结构。如果一个类可以直接继承多个类，这种继承方式称为多重继承。多重继承是网状结构。

7. 多态性

不同层次中的类可以共享或共用一个行为（方法）的名字，但在不同层次中，每个类却可以各自按自己的需要来实现这个行为，并且得到不同的结果。多态即一个名字可以具有多种语义。在面向对象的语言中，如C++等，都有实现多态性的机制，可允许每个对象以自己的解释方式来响应共同的消息。

8. 事件

事件是建立动态模型时常用的术语，是指某一时刻引发对象状态改变的控制信息。现实世界中，各对象之间相互触发，一个触发行为就称作一个事件。事件可被看成信息从一个对象到另一个对象的单向传送，发送事件的对象可能期望对方的答复，但这种答复也是一个受第二个对象控制下的一个独立事件，第二个对象可以发送，也可以不发送这个答复事件。

9. 状态

状态也是建立动态模型时常用的术语，是对象所具有的属性值的一种抽象，按照影响对象显著行为的性质将值集中归并到一个状态中去。状态指明了对象对输入事件的响应。

10. 行为

行为也是建立动态模型时常用的术语，是对象要达到某种状态时所做的操作，表示为"do：活动名"，进入状态时，则执行该行为的操作，该行为由来自引起该状态转换的事件终止。

9.3 UML 概述

UML 是由世界著名的面向对象技术专家 Grady Booch、Jim Rumbaugh 和 Ivar Jacobson 发起，在著名的 Booch 方法、OMT 方法和 OOSE 方法的基础上，集众家之长，几经修改而完成的。在原理上，任何方法都应由建模语言和建模过程两部分构成。其中，建模语言提供用于表示设计的符号（通常是图形符号）；建模过程则描述进行设计所需要遵循的步骤。标准建模语言 UML 统一了面向对象建模的基本概念、术语及其图形符号，建立了便于软件开发交流的通用语言。

9.3.1 UML 的主要特点

作为一种建模语言，UML（统一建模语言）的定义包括 UML 语义和 UML 表示法两个部分。UML 是一种标准的图形化建模语言，它是面向对象分析与设计方法的表现手段。UML 的特点如下：

1）统一标准。UML 统一了 Booch 方法、OMT 方法和 OOSE 方法中的概念和语法，提供了面向对象模型元素的定义和表示，已成为面向对象软件建模的标准语言。

2）面向对象。UML 是一种面向对象的标准建模语言，模型元素的建立以对象为基础，与人类的思维模式相符，并且易学易用。

3）图形建模。UML 提供了多种模型图，以图形的方式实现系统建模，建模过程清晰、直观，可用于复杂软件系统的建模。

4）独立于程序设计语言。UML 是一种建模语言，整个建模过程与程序设计语言无关。在进行系统实现时，软件人员可以选用合适的程序设计语言编程。UML 的建模不依赖于任何程序设计语言。

9.3.2 UML 的应用领域

UML 的目标是以面向对象图的方式来描述任何类型的系统，具有很宽的应用领域。其中，最常用的是建立软件系统的模型，但它同样可以用于描述非软件领域的系统，如机械系统、企业机构或业务过程，以及处理复杂数据的信息系统，具有实时要求的工业系统或工业过程等。总之，UML 是一个通用的标准建模语言，可以对任何具有静态结构和动态行为的系统进行建模。

此外，UML 适用于系统开发过程中从需求规格描述到系统完成后测试的不同阶段。在需求分析阶段，可以用用例来捕获用户需求。通过用例建模，描述对系统感兴趣的外部角色及其对系统（用例）的功能要求。分析阶段主要关心问题领域中的主要概念（如抽象、类和对象等）和机制，需要识别这些类及它们相互间的关系，并用 UML 类图来描述。为实现用例，类之间需要协作，也可以用 UML 动态模型来描述。在分析阶段，只对问题领域的对象（现实世界的概念）建模，而不考虑定义软件系统中技术细节的类（如处理用户接口、数据库、通信和并行性等问题的类）。这些技术细节将在设计阶段引入，因此设计阶段为构造阶段提供更详细的规格说明。

编程（构造）是一个独立的阶段，其任务是用面向对象编程语言，将设计阶段的类转换成实际的代码。在用 UML 建立分析和设计模型时，应尽量避免考虑把模型转换成某种特定的编程语言。因为，在早期阶段，模型仅仅是理解和分析系统结构的工具，过早考虑编码问题十分不利于建立简单正确的模型。

UML 模型还可作为测试阶段的依据。系统通常需要经过单元测试、集成测试、系统测试和验收测试。不同的测试小组使用不同的 UML 图作为测试依据：单元测试使用类图和类规格说明；集成测试使用组件图和协作图；系统测试使用用例图来验证系统的行为；验收测试由用户进行，以验证系统测试的结果是否满足在分析阶段确定的需求。

总之，UML 适用于以面向对象技术来描述任何类型的系统，而且适用于系统开发的不同阶段，从需求规格描述直至系统完成后的测试和维护。

9.4　UML 的构成

UML 由视图、图、模型元素、公共机制等部分组成。

（1）视图

UML 的视图包括用例视图、逻辑视图、组件视图、进程视图和配置视图，分别从不同的角度描述了系统，每一种视图由若干图组成。

（2）图

UML 的图包括用例图、类图、对象图、包图、顺序图、协作图、状态图、活动图、组件图和配置图等。图是视图的组成部分，不同的图具有不同的用途，分别用于面向对象分析阶段和面向对象的设计阶段。

（3）模型元素

模型元素包括事物和事物之间的关系。事物指图中的对象，事物之间的关系可以将事物联系起来，组成有意义的结构模型。

（4）公共机制

UML 的公共机制可以为模型元素提供注释、修饰、规格说明、通用划分和扩展机制。

9.5　UML 的视图

UML 使用若干视图从不同角度描述了一个软件系统的体系结构，每一种视图说明了软件系统的一个侧面，将这些视图组合起来可以构成软件系统的完整模型。UML 的视图包括用例视图、逻辑视图、进程视图、组件视图和配置视图，其中，用例模型是其他模型的核心。

（1）用例视图

用例视图用于描述系统的功能需求，即系统参与者所需要的功能。用例视图主要包括用例图，也可以辅助活动图对用例内部的细节进一步说明。在用例视图中将列出所有的用例和参与者，并指定参与者参与了哪些用例的执行。用例视图与其他视图之间的关系如图 9-4 所示。

（2）逻辑视图

逻辑视图用于描述如何实现用例视图中提出的系统功能。其更关注系统内部，用来描述系统的静态结构和动态协作关系。系统的静态结构由类图，对象图和包图描述。系统的动态协作关系由顺序图、协作图、状态图和活动图描述。

（3）进程视图

进程视图用于描述系统的并发执行，以及如何处理线程之间的通信和同步。进程视图由状态图、协作图、活动图、顺序图、组件图和配置图组成。

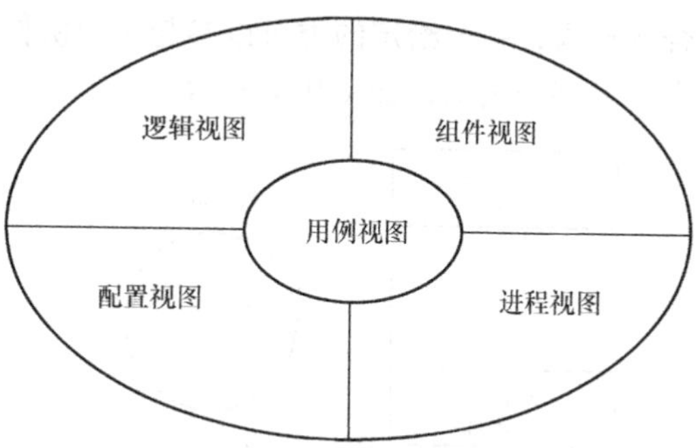

图 9-4 视图之间的关系

（4）组件视图

组件视图用于描述系统组件及组件之间的依赖关系。组件视图主要由组件图组成，该视图可实现软件组件的划分及代码编写方法。

（5）配置视图

配置视图用于描述系统的物理设备部署，以及设备之间的连接方式。

9.6 UML 的模型元素

UML 的模型元素由事物及事物之间的关系组成，是 UML 的重要组成部分。

9.6.1 事物

UML 的图由若干模型元素组成，模型元素是指在建模过程中所涉及的概念元素与物理元素。模型元素也称为事物。事物分为结构事物、行为事物、分组事物和注释事物。在 UML 的模型图中使用相应的图形符号表示模型元素。

1. 结构事物

总共有 7 种结构化事物。

（1）类（Class）

类是一组具有相同属性、相同操作、相同关系和相同语义的对象描述，是对事物概念本质的抽象。UML 中类的表示法是一个矩形框，如图 9-5 所示。其中，上面区域表示类名，中间区域是类的属性，下面区域是类的操作，属性和操作都可以省略，将对应的矩形框空着。

图 9-5 类图

（2）接口（Interface）

接口描述了类中部分行为的一组操作，它是用来重用类中操作的一个 UML 组件，可以向一个类提供另一个类的一组操作。接口的表示法与类大致相同，都是用一个矩形框表示，但是接口没有属性，对应的矩形框空着。为了与类的表示法区分开，接口的名称以"I"开头，或者使用构造型 interface，把它放在接口的名字上面。接口的省略表示法是使用一个带名字的空心小圆圈。两种表示法如图 9-6 所示。

（3）协作（Collaboration）

协作是一组类、接口和其他元素的群体，它们共同工作，提供比各个组成部分总和更强的合作行为，一个给定的类可以参与多个协作，协作的图形表示法是将它画成一个虚线椭圆和它的名字来表示，如图9-7所示。

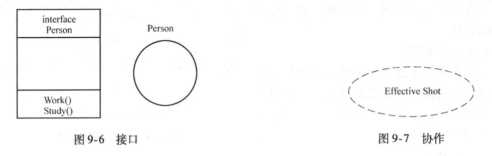

图9-6　接口　　　　　　　　　　　　　　　　　图9-7　协作

（4）用例（Use Case）

用例是能够帮助分析员和用户确定系统使用情况的UML组件。一个用例就是从用户角度出发对如何使用系统的表示，它是一组动作序列的描述。在UML中，将用例画为一个实线椭圆，通常还有它的名字，如图9-8所示。

（5）活动类（Active Class）

活动类所对应的对象有一个或多个进程或线程，因此能够启动控制活动。活动类与其他类的区别在于，活动类的对象实例所描述的操作行为与其他主动对象的操作行为并发。活动类的表示法与类相似，只是外线框加粗，如图9-9所示。

图9-8　用例　　　　　　　　　　　　　　　　　图9-9　活动类

（6）构件（Component）

构件也称组件，是系统中遵从一组接口并且提供其实现的可替换的物理部分。类与构件之间的重要关系在于，一个构件可以是多个类的实现。构件的图形用一个左侧附有两个小矩形的大矩形框表示，如图9-10所示。

（7）节点（Node）

节点是运行时的物理对象，代表一个计算资源，通常至少有一定的存储能力和处理能力，运行时对象实例和构件实例可以驻留在节点内。在UML中，节点用一个立方体表示，如图9-11所示。

图9-10　构件　　　　　　　　　　　　　　　　图9-11　节点

类、接口、协作、用例、活动类、构件和节点这 7 个元素是在 UML 模型中使用的最基本的结构化事物。系统中还有这 7 种基本元素的变化体，如角色或信号（某种类）、进程和线程（某种活动类）、应用程序、文档、文件、库、表（构件的一种）。

2. 行为事物

行为事物是 UML 模型中的动态部分。它们是模型的动词，代表时间和空间上的动作，总共有两种主要的动作事物。

（1）交互（Interaction）

交互表示在对象或其他实例之间如何传递消息，它是在特定的协作语境中定义的，由共同完成一定任务的一组对象之间交换的消息组成，交互涉及其他的一些元素，包括消息、动作序列和对象之间的连接。

在 UML 中，消息分为简单（Simple）、同步（Synchronous）、异步（Asynchronous）3 种。简单消息表示从一个对象到另一个对象的控制流的转移；同步消息是指一旦一个对象发送了一个同步消息，它必须等到对方的应答才能继续自己的操作；异步消息是指发送异步消息的对象不需要等待应答就可以继续自己的操作。消息用一条有向直线表示，表示消息的直线上有操作名，如图 9-12 所示。

（2）状态机（State Machine）

状态机由一系列对象的状态组成。在 UML 中，状态用一个圆角矩形表示，用带箭头的实线表示状态的转换，箭头指向目标状态，实心圆代表状态转换的起点，牛眼形圆圈代表状态转换的终点，如图 9-13 所示。

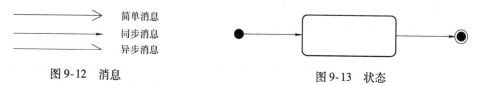

图 9-12　消息　　　　　　　　　　　　　图 9-13　状态

交互和状态机是 UML 模型中最基本的两个动态事物元素，它们通常和其他结构元素、主要的类、对象连接在一起。

3. 分组事物

分组事物是 UML 模型的组织部分，包括包、框架、模型和子系统 4 种，其中最主要的分组事物是包。包（Package）是将设计元素分组的机制，结构事物、行为事物和其他的分组事物都可以放进包内，包不像构件那样仅在运行时存在，它纯粹是概念上的一个抽象定义，也就是仅在系统开发时存在。包用一个一边突起的公文夹形图标来表示，如图 9-14 所示。

4. 注释事物

注释事物是 UML 模型的解释部分，这些注释事物用来描述、说明和标注模型中的任何元素，其中主要的注释事物是注解。注释用右上角向下折的矩形表示，如图 9-15 所示。

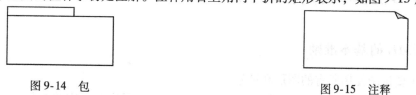

图 9-14　包　　　　　　　　　　　　　图 9-15　注释

9.6.2 关系

UML 中有如下 4 种关系。

(1) 依赖

依赖是两个模型元素之间的语义关系，其中一个元素的变化将影响另一个元素，最常用的依赖关系是在一个类的操作中用到了另一个类的定义。这种关系用一个带有实心三角形箭头的虚线表示，如图 9-16 所示。

(2) 关联

关联表示两个或多个类与类之间的连接，它使得一个类知道另外一个类的属性和方法。关联可以使用单箭头表示单向关联，使用双箭头或者不使用箭头表示双向关联。关联有两个端点，每个端点可以有一个重数，表示这个关联类可以有几个实例。这种关系如图 9-17 所示。

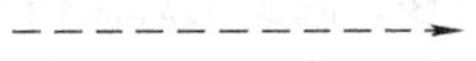

图 9-16　依赖　　　　　　　　　　图 9-17　关联

图 9-17 中的符号说明:

1) 0 表示 0 个。

2) 1 表示 1 个。

3) ＊或 n 表示多个。

4) 0..1 表示 0 个或 1 个。

5) 1..＊或者 1..n 表示 1 个或多个。

6) 0..＊或 0..n 表示零个或多个。

(3) 泛化

泛化表示一个一般元素和一个特殊元素之间的直接关系，特殊元素（子元素）的对象可以替换一般元素（父元素）的对象。一般泛化关系用带有空心三角形箭头的直线表示，箭头指向父元素，如图 9-18 所示。

(4) 实现

实现是类元之间的语义关系，其中的一个类元指定了另一个类元保证执行的规则。实现关系用带有空心箭头的虚线表示，如图 9-19 所示。

图 9-18　泛化 　　　　　　　　　　图 9-19　实现

这 4 种关系元素是 UML 模型中包含的基本关系事物，除了这几种关系之外，它们还有相应的变体，如依赖的变体有精化、跟踪、包含和延伸，关联的变体有聚合和组合等。

9.7　UML 的基本准则和图形表示

9.7.1　UML 的基本准则

(1) 不要试图使用所有的图形和符号

如前所述，UML 共定义了 9 种图形，每种图形又规定了许多可用的符号，但是这并不意味着在开发一个软件系统时需要使用所有的图形和符号。相反，应该根据项目的特点，选用最适用的图形和符号。一般来说，应该优先选用简单的图形和符号。例如，用例、类、关联、属性和继承等概念是最常用的。在 UML 中有些符号仅用于特殊的场合和方法中，仅当确实需要时才使用它们。

（2）不要为每个事物都画一个模型

任何模型都应该具有一个明确的目标，抓住事物本质建模是保证模型符合目标的关键。通常，建模的方法是，抽取事物的本质（内核），然后围绕内核建模，最后实现内核的具体表示，应该把精力集中于关键的领域。最好只画几张关键的图，经常使用并不断更新、修改这几张图。

（3）应该分层次地画模型图

根据项目进展的不同阶段，用正确的观点画模型图。如果处于分析阶段，应该画概念层模型图，当开始着手进行软件设计时，应该画说明层模型图，当考查某个特定的实现方案时，则应画实现层模型。

使用 UML 的最大危险是过早地陷入实现细节，为了避免这一危险，应该把重点放在概念层和说明层。

9.7.2　UML 的图形表示

UML 在分析与设计阶段涉及三种模型图、分别为用例模型图、静态模型图和动态模型图。其中，用例模型图由用例图组成；静态模型图由类图、对象图、组件图、配置图组成；动态模型图由顺序图、协作图、状态图、活动图组成。一个模型是一组 UML 图。为了理解和开发一个系统，可以检查、获取和修改这些图。UML 中包括以下 9 种图。

1. 类图

类图描述系统中类的静态结构。类由类名、属性和操作组成。类图如图 9-20 所示。类之间的联系有关联、泛化、依赖、聚合和组合等。

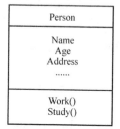

图 9-20　类图示例

类之间具有以下几种关系。

（1）关联关系

关联关系表示两个类或者对象之间长期存在的一种静态联系，使用直线表示，需要为关联命名。关联的两端可以给出重数，表示该类由多少个对象可以与被关联对象相连。重数的符号见 9.6.2 节。

图 9-21 描述了 CourseLogin 类和 Course 类之间的关联关系，一个学生允许选择零门或多门课程，一门课程允许零个或多个学生选择。

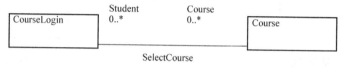

图 9-21　类的关联关系

（2）泛化关系

泛化关系也称继承关系，表示类之间的一般与特殊关系。一般类为父类，特殊类为子类，子类可以继承父类的公有或受保护属性和操作。泛化关系使用带空心三角形箭头的连线表示，空心三角形箭头指向父类，箭头尾指向子类，如图 9-22 所示。

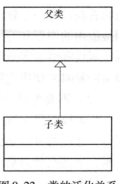

图 9-22 类的泛化关系

（3）依赖关系

依赖关系是两个模型元素之间的一种语义连接。一个模型元素依赖于另一个独立的模型元素，当独立的模型元素变化时，将影响依赖的模型元素。依赖关系使用带箭头的虚线表示，位于虚线箭头尾部的类依赖于箭头所指向的类。图 9-23 描述了具有依赖关系的两个类，CoursetTable 类依赖 Course 类。

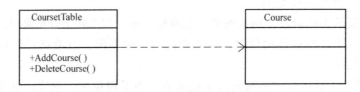

图 9-23 类的依赖关系

（4）聚合关系

聚合关系是一种表示"整体与部分"的关联。聚合关系使用带空心菱形头的实线表示，空心菱形头指向"整体"，连线尾部指向"部分"，如图 9-24 所示。类 University 为整体，类 College 为部分，表示一个大学有若干学院。

（5）组合关系

组合关系是聚合关系的特殊情况，若组合关系中的"整体"不存在，则"部分"也随之"消亡"。组合关系使用带实心菱形头的实线表示，实心菱形头指向"整体"，连线尾部指向"部分"，如图 9-25 所示。

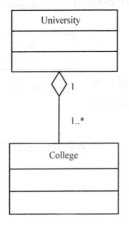

图 9-24 聚合关系

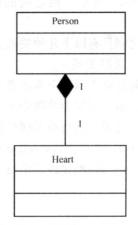

图 9-25 组合关系

2. 对象图

对象图描述系统中某个时刻的一组对象及它们之间的关系，它是类图的特殊用例，是类图的实例，几乎使用与类图完全相同的标识。它们的不同点在于对象图显示类的多个对象实例，而不是实际的类。一个对象图是类图的一个实例。由于对象存在生命周期，因此对象图只能在系统的某一时间段存在。对象图与协作图相关，但是不能显示系统的演化进程。因此，可用带消息的协作图或顺序图表示一次交互。

对象有三种表示方式：

1）对象名：类名。

2）：类名。

3）对象名。

对象名与类名之间用冒号连接，一起加下划线。可以只写对象名加下划线，类名及"："省略。如果只有类名没有对象名，类名前一定要加"："号，冒号和类名同时要

图 9-26　对象图示例

加下划线。图 9-26 表示学生类中的对象实例"张三"与计算机类中的对象实例"10 号机"之间的关联关系，这里对象名及类名的下面都加了下划线。

3. 用例图

用例图是显示一组用例、参与者以及它们之间关系的图。用例图用来描述用户的需求，它从用户的角度描述系统的功能，并指出各功能的操作者，强调谁在使用系统，系统为参与者完成哪些功能。

1）用例模型描述外部执行者（Actor）所理解的系统功能。用例模型用于需求分析阶段。

2）用例代表一个完整的功能，在 UML 中，用例被定义成系统执行的一系列动作步骤的集合，并且动作执行的结果能被指定执行者察觉得到。在 UML 中，用例的图形表示为一个椭圆。

3）执行者是指用户在系统中所扮演的角色，表示一类能使用系统某个功能的人或事。参与者触发用例，并与用例进行信息交换。其图形表示为一个小人。

4）连线表示用例与参与者之间的关系，矩形框表示系统边界，如图 9-27 所示。

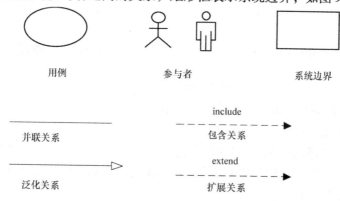

图 9-27　用例图的组成

图 9-28 所示为保险管理系统的用例图。该系统内有签订保险单、统计保险销售、维护客户资料 3 个用例，在系统外有投保客户和保险销售员两个参与者，参与者与用例之间具有关联关系。

5）关系。

① 关联关系。用例与参与者之间具有关联关系用于表示参与者与用例之间的通信。用直线表示，如图9-29所示。

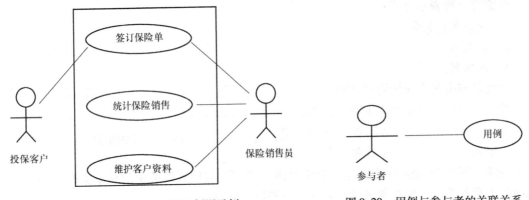

图9-28　保险管理系统用例图示例　　　　图9-29　用例与参与者的关联关系

② 泛化关系。当多个用例共同拥有一种类似的行为时，可将它们的共性抽象成为父用例，其他用例作为泛化关系中的子用例。图9-30为用例的泛化关系，用空心三角箭头连线表示，箭头指向父用例，箭尾连接子用例。需要说明的是，在用例图中参与者之间也具有泛化关系。

图9-31描述了采购物料与其两个子用例采购钢材和采购办公用品之间的泛化关系。

图9-30　用例与用例间的泛化关系　　　　图9-31　用例泛化关系示例

③ 包含关系。用例之间的包含关系与扩展关系属于特殊的依赖关系。包含关系是指一个用例可以包含其他用例的功能，并将其所包含的用例功能作为本用例功能的一部分。UML中包含

图9-32　用例包含关系

关系以一个带实心三角形箭头的虚线表示，并在虚线上方标出构造型include，箭头指向被包含的用例，如图9-32所示。

图9-33描述了具有包含关系的3个用例，用例查询和用例取款包含用例验证卡号和密码，表示在银行查询和取款时，需要验证卡号和密码。

④ 扩展关系。将基本用例的功能扩展，形成一个扩展用例，则用例之间的关系为扩展关系。UML中扩展关系以一个带实心三角形箭头的虚线表示，并在虚线上方标出构造型ex-

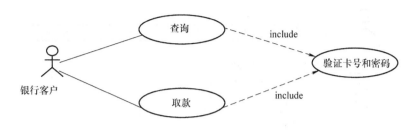

图 9-33　用例包含关系示例

tend，箭头指向基本用例，如图 9-34 所示。

图 9-35 描述了具有扩展关系的 3 个用例，登记还书为基本用例，计算罚金和通知预约为扩展用例，图书超期，需要计算罚金，若对图书有预约，要通知预约。

图 9-34　用例扩展关系

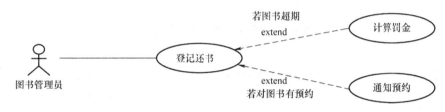

图 9-35　用例扩展关系示例

4. 顺序图

顺序图显示对象之间的动态合作关系，它强调对象之间消息发送的顺序。在顺序图中包括对象、对象生命线、激活和消息，若干对象横向排列，对象之间通过消息连接，每一个对象下部是该对象的生命线和激活条，如图 9-36 所示。

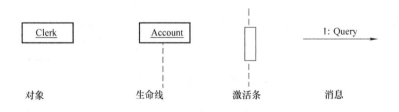

图 9-36　顺序图的组成

图 9-37 所示"学生选课"顺序图，一个参与者，4 个类对象，共有 8 个消息，消息实现了对象之间的连接，并体现出时间的顺序。

5. 协作图

协作图中对象图示与顺序图的对象图示相同。对象之间的连线代表了对象之间的关联和消息传递，每个消息箭头都带有一个消息标签。图 9-38 描述了银行系统中，取款过程中相互协作的对象间的交互关系和链接关系。

137

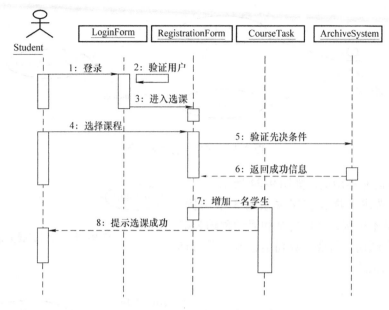

图 9-37 "学生选课"顺序图示例

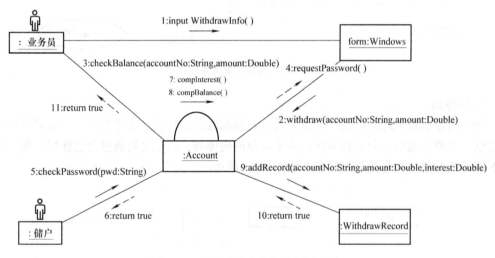

图 9-38 银行系统取款的协作图示例

协作图描述系统中相互协作对象间的交互关系和关联连接关系,协作图与顺序图相似,都是显示对象间的交互关系。但它们的侧重点不同,若强调时间和顺序,则选择顺序图;若强调对象之间的相互关系则选择协作图。图 9-39 描述的是银行系统取款的顺序图,可以对比 9-38 理解顺序图与协作图的区别。

6. 状态图

状态图是在系统分析阶段常用的工具,是对类图的补充。状态图由对象的各个状态和连接这些状态的转换组成。通常,用一张状态图描绘一类对象的行为,它确定了由事件序列引出的状态序列。实际上不是任何一个类都需要有一张状态图描绘它的行为,只针对具有明显的状态特征并且具有比较复杂的状态、事件、响应行为的类,才需要画状态图。状态图由状

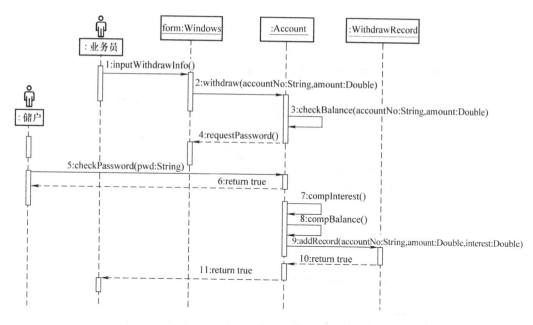

图 9-39　银行系统取款的顺序图示例

态、转换、事件和活动等元素组成。一个状态图仅包含一个起始状态，表示对象创建时的状态，用实心圆圈表示，一个状态图可以包含多个终止状态，表示对象生命期的结束，用实心圆点外加一个圆圈表示。其他状态以圆角矩形表示，在圆角矩形内部标出状态名，状态变量和活动，状态名要具有唯一性，状态变量指状态图所描述的类属性，活动列出了该状态要执行的事件和动作。转换指从一个状态至另一个状态的变化，用一个带箭头的连线表示，在状态转换时，要给出相应的事件或监护条件。状态转换图的基本图符如图 9-40 所示。

图 9-41 所示为选课系统中
CourseTask 类的对象具有比较明显
的状态特征，其状态有初始状态、
可选状态、人满状态、关闭状态。

起始状态　终止状态　　　状态　　　　　　转换

图 9-40　状态转换图的基本图符

7. 活动图

注意状态图与活动图的区别：状态图反映一个对象的各个状态的变化；活动图反映多个对象之间的交互。活动图是 UML 中实现对系统动态行为建模，将用例图中的用例细化，用例内部的细节通常以活动图的方式描述。活动图用于描述活动的顺序，主要表现出活动之间的控制流，是内部处理驱动的流程，其在本质上是一种流程图。活动图的基本符号如图 9-42 所示。

活动表示控制流程中的任务执行，或者表示算法过程中的语句执行，每个活动应由一个活动名标示。当一个活动完成时，控制流将转至下一个活动，这个过程称为活动转换，可以设置监护条件，在条件满足时触发。判定是一个菱形图符，可根据不同的判定条件，选择执行不同的活动。还可以使用并发图符表示同步控制流，分为并发分劈和并发接合，以同步线描述这种同步流程。其中，并发分劈表示一个活动分为两个同步活动；并发接合表示两个同步活动合并为一个活动。

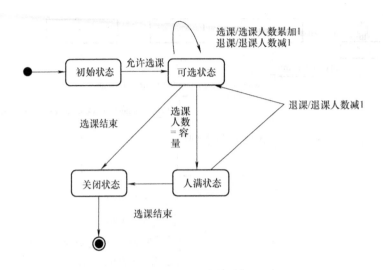

图9-41 选课系统中 CourseTask 类的对象状态图示例

图9-42 活动图的基本图符

若需要指出某些活动所属的对象，可以使用泳道表示。泳道将活动图用线条纵向地分成若干矩形，矩形内的所有活动属于相应的对象，应在泳道的顶部标出泳道名。在绘制活动图时，应首先画出泳道，然后画出各个活动，并给出活动的起点和终点，最后画出活动之间的转换，根据需要可以加上判定分支和同步控制流。

图9-43 描述了银行系统中的"存款"用例的活动图，当 CostomerActor 想存钱到自己账户时，要向 Clerk 提交存款单和现金，用例启动。系统提示 Clerk 输入用户姓名、用户的 ID 号，账号和所存款项的金额。Clerk 输入相关信息后提交，系统确认账户是否存在并有效（当用户姓名、用户的 ID 号与账户的户主信息一致，且账户处于非冻结状态时，账户有效）。系统建立存款事件记录，并更新账户的相关信息。账户不存在或无效，显示提示信息，用户可以重新输入或终止该用例。

8. 组件图

组件图是组件视图的主要部分，在该图中显示了组件及组件之间的依赖关系。一个组件即为一个文件。组件的类型包括源代码组件、二进制组件或一个可执行组件。其中，源代码组件表示一个源代码文件与一个包对应的若干源代码文件；二进制组件表示一个目标码文件或一个库文件；可执行组件表示一个可执行程序文件。在 UML 的组件图中，一个组件对应于一个类，类之间的关联、泛化、聚合、组合等关系将转化为组件图中的依赖关系。

图9-44 是组件图的一个实例，它主要包含以下几种内容：组件、接口、依赖关系以及组件包。组件的图示符号是左边带有两个矩形的大矩形。组件的名称写在大矩形内。组件的依赖关系用一条带箭头的虚线表示。箭头的形状表示消息的类型。组件的接口是从代表构件的大矩形边框画出一条线，线的另一端为小空心圆，接口的名字写在空心圆附近。这里的接

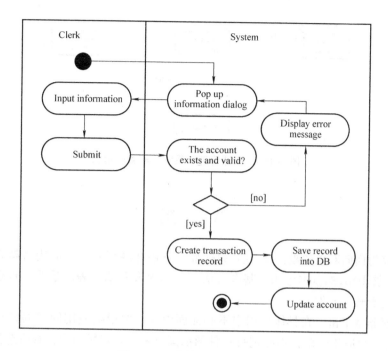

图 9-43　"存款"活动图示例

口可以是模块之间的接口，也可以是软件与设备之间的接口或人机交互界面。图 9-44 表示某系统程序有外部接口，并调用数据库。由于在调用数据库时，必须等数据库中的信息返回后，程序才能进行判断、操作，因而是同步消息传送。

图 9-44　构件图示例

9. 配置图

　　配置图用于显示计算机节点的拓扑结构和通信路径，以及在节点上执行的组件。对于分布式系统，配置图可以清晰地描述系统中硬件设备的配置、相互间的通信方式和组件的设置。

　　配置图主要由节点及节点之间的关联关系组成，其中接电视配置图的基本元素。节点包括处理器和设备，处理器是指能够运行软件并具有计算能力的节点，如服务器、工作站、主机等。而设备是指没有计算能力，但可以通过接口为外部提供服务的节点，如打印机、扫描仪等。关联关系表示节点之间的通信路径，可以在其上标出网络名或协议。

　　"选课管理子系统"的配置图如图 9-45 所示。该图包括 HTTP 服务器、数据库服务器、客户端浏览器和打印机，两台服务器通过局域网连接，客户端浏览器与 HTTP 服务器通过 Internet 连接，HTTP 服务器与外设打印机连接。

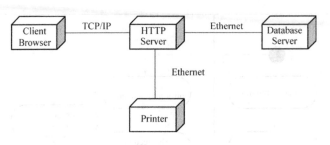

图 9-45 "选课管理子系统"配置图示例

小 结

UML 已成为面向对象建模的事实上的标准，它还在继续发展，应用将越来越广泛，因此，学习和掌握 UML 的基本思想、基本方法、基本内容和基本表示是非常重要的，特别是 UML 如何应用于软件开发。

UML 内容非常丰富，在具体应用中不必面面俱到，要根据应用问题的特点建立相应的模型，即对每一个应用问题，不必把每一种图都画出来，要有所侧重，有所选择。

习 题 9

1. 建立分析和设计模型的一种重要方法是 UML。它是一种什么样的建模方法？它如何表示一个系统？

2. UML 有哪些特点？

3. UML 有哪些图？

4. 用 UML 较完整地描述档案管理系统中的类、对象、系统功能和处理过程，画出用例图、类图、状态图、顺序图及配置图。

第 10 章　面向对象分析

本章要点

本章主要介绍面向对象的需求分析以及用例建模、对象类静态建模、对象类动态建模、系统体系结构建模。

教学目标

掌握用例建模、对象类静态建模、对象类动态建模。

面向对象分析使用面向对象的概念和方法为软件需求建立模型，以使用户的需求逐步精确、完全、一致。这个阶段主要是创建用例模型、对象类静态模型和对象类动态模型，并创建系统体系结构模型。

10.1　需求分析与用例建模

需求分析是软件生存周期中的一个重要阶段。在这一阶段将明确系统的职责、范围和边界，确定软件的功能和性能，并构建需求模型。

创建用例模型的基本思想：从用户角度来看，他们并不想了解系统的内部结构和设计细节，他们所关心的是系统所能为其提供的服务，即被开发出来的系统将是如何被使用的。因此，用例模型就是从用户的角度获取系统的功能需求。

创建用例模型的步骤如下。

（1）确定系统的范围和边界

系统是指基于问题域的计算机软硬件系统，如图书管理信息系统、学籍管理系统等。通过分析用户领域的业务范围、业务规则和业务处理过程，可以确定软件系统的范围和边界，明确系统需求。系统范围是指系统问题域的目标、任务、规模以及系统所提供的功能和服务。例如，"教学管理系统"的问题域是教务工作管理，系统的目标与任务是在网络环境下实现学生选课、查询成绩，教师登录成绩、查询课表，管理员管理教务信息等功能。系统边界是指一个系统内部所有元素与系统外部事物之间的分界线。在用例模型中，系统边界将系统内部的用例与系统外部的参与者分隔开。

（2）确定系统的用例和参与者

系统的参与者是指位于目标系统的外部，并与该系统发生交互的人员或其他软件系统或硬件设备，代表目标系统的使用者或使用环境。可以从以下几个方面确定系统的参与者：

1）谁使用系统的功能？

2）谁从系统获取信息？

3）谁向系统提供信息？

4）谁来负责维护和管理系统以保证其正常运行？

5）系统需要访问哪些外部硬件设备？

6）系统需要与哪些其他软件系统进行交互？

用例是用例模型中的核心元素。一个系统可以包含多个用例。一个用例表示目标系统向外所提供的一个完整服务或功能。用例定义了目标系统是如何被角色所使用的，描述了角色为了使用系统所提供的某一个完整功能而与系统之间发生的一段"对话"。用例通常具有以下基本特征：

1）用例由角色启动（即角色驱动）：由某个人、某台设备或某个外部系统等角色，来触发系统的某个用例开始执行。

2）执行中的用例可被看作一组行为序列：描述了角色与系统之间发生的一系列交互（接收用户输入、系统执行某些动作、产生输出结果等）。

3）一个用例执行结束后，应为角色产生可观测到的、有价值的执行结果。

（3）用例说明

以文本的方式描述用例，事件流描述系统"做什么"，不必描述系统"怎么做"。用例说明的结构如图10-1所示。事件流中通常描述以下内容：

1）用例是如何启动的，即哪些角色在何种情况下启动该用例开始执行。

2）用例执行时，角色与系统之间的交互过程。

3）用例执行时，在不同情况下可以选择执行的多种方案。

4）在什么情况下用例被视作执行结束。

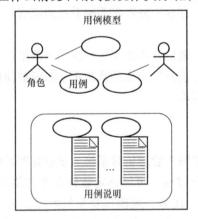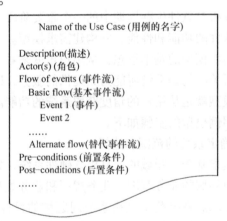

图 10-1　用例说明

事件流分为基本事件流和替代事件流两类。

基本事件流：描述用例执行过程中最正常的一种场景，系统执行一系列活动步骤来响应角色提出的服务请求。

基本事件流的描述：

用数字编号标明各个活动步骤的先后顺序。每个活动步骤的主要内容可从以下两方面描述：

1）角色向系统提交了什么信息/发出了什么指令。

2）对此，系统有什么样的响应。

替代事件流：描述用例执行过程中，当出现某些异常或偶然发生的情况时，系统可能选择执行的另外一组活动步骤。

替代事件流的描述：

1）起点：该替代事件流从事件流的哪一步开始。

2）条件：在什么条件下会触发该替代事件流。

3）动作：系统在该替代事件流下会采取哪些动作。

4）恢复：该替代事件流结束之后，该用例应如何继续执行。

（4）确定用例之间的关系

用例之间具有泛化关系、扩展关系、包含关系、关联关系，根据需要可以建立用例之间的相应关系，详见 9.7.2。

（5）建立用例图并定义用例图的层次结构

在软件开发过程中，对于复杂的系统，一般按功能分解为若干子系统。当以用例模型描述系统功能时，可将用例图分层，完整地描述系统功能和层次关系。一个用例图包括若干用例，根据需要，可将上层系统的某一个用例分解，形成下层的一个子系统，每一个子系统对应一个用例图。

（6）评审用例模型

在 UML 中，除了使用文本方式进行用例描述，还可以使用活动图描述用例。使用图形方式描述用力更形象直观，在活动图中可以更好地指示过程、对象等内容。活动图用于描述活动的序列，即系统从一个活动至另一个活动的控制流。在需求分析过程中，对于重要的用例，将使用活动图进一步描述用例的实现流程。

10.2　建立对象类静态模型

在需求分析和系统分析阶段，将进行对象类建模。对象类建模描述了系统的静态结构。建立对象类静态模型的步骤如下：

（1）确定系统的对象类

当用例模型建立成功后，需要建立系统的类和对象，并需指定类属性和类操作。UML 的对象类包括实体对象类、控制对象类和边界对象类。其图形表示如图 10-2 所示。

1）实体对象类通常对应现实世界中的"事物"。这些"事物"的基本信息及其相关行为需要在系统中长期存储和管理。比如，校园网上订餐系统中，顾客类（customer）、食物类（food）、订单类（order）等都属于实体类。

2）控制对象类描述用例所具有的事件流的执行逻辑。控制对象类本身并不处理具体的任务，而是调度其他类来完成具体任务。控制对象类负责协调边界对象类和实体对象类：控制对象类接收由边界类收集上来的信息或指令，然后根据用例的执行逻辑，再将具体任务分发给不同的实体对象类去完成。控制对象类实现了对用例行为的封装，将用例的执行逻辑与边界和实体进行隔离，使得边界对象类和实体对象类具有较好的通用性。

3）边界对象类用于描述系统外部的角色与系统之间的交互接口。其目的是将用例内部的执行逻辑与外部环境进行隔离，使得外界环境的变化不会影响内部的逻辑部分。包括三种类型：用户界面、软件系统接口、硬件设备接口。

图 10-2　实体对象类、控制对象类和边界对象类

（2）确定对象类的属性

对象类的属性表示其内部静态特征。标识对象类的属性过程包括发现对象类的潜在属性、筛选对象类属性，为对象类属性命名等。

1）识别某些属性，以描述类所代表的现实实体的基本信息，比如学生的学号、姓名、性别、班级等。

2）识别某些属性，以描述对象的不同状态，比如图书分为"借出"和"在馆"两种状态。

3）识别某些属性，以描述某个类与其他类之间"整体与部分"的关系或者关联关系。

（3）识别实体类之间的关系

识别实体类之间的关系（泛化、组合、聚合、关联、依赖），绘制类图。

10.3　建立对象类动态模型

动态模型描述了系统的动态行为，在系统分析、系统设计阶段建立动态模型。动态模型涉及对象的执行顺序和状态的变化，侧重于系统控制逻辑的描述，其实质是解决了系统"如何做"的问题。

对象类动态模型包括对象交互模型和对象状态模型。其中对象交互模型由顺序图和协作图组成，对象状态模型由状态图和活动图组成。

10.3.1　交互模型建模

顺序图与协作图从不同角度描述了系统的行为，顺序图主要用于着重表现对象间消息传递的时间顺序。顺序图详见9.7.2节。而协作图主要用于描述对象之间的协作关系。协作图详见9.7.2节。二者可实现用例图中控制流的建模，用于描述用例图的行为。

1. 顺序图建模

顺序图具有两个坐标，垂直坐标表示时间顺序，水平坐标表示一组对象。顺序图由对象、生命线、消息和激活条组成。顺序图中的对象用矩形框表示，并标有对象名和类名。垂直虚线是对象的生命线，用于表示在某段时间内对象是存在的。

对象间的通信通过在对象的生命线之间的消息来表示，消息箭头指向消息的接收者，消息的类型分为简单消息、同步消息、异步消息和返回消息。发型消息以实线箭头表示，返回消息以虚线箭头表示。

1）简单消息：表示消息类型不确定或与类型无关，或是一同步消息的返回消息。

2）同步消息：表示发送对象必须等待接收对象完成消息处理后，才能继续执行。

3）异步消息：表示发送对象在消息发送后，不必等待消息处理后，可立即继续执行。

4）返回消息：返回消息以虚线箭头表示。

2. 协作图建模

协作图与顺序图均可以描述系统对象之间的交互，在协作图中包含一组对象及对象之间的关联，通过消息传递描述对象之间如何协作完成系统的行为。协作图详见 9.7.2。

10.3.2　状态模型建模

一个对象的各种状态及状态之间的转换组成了状态图。状态图展示了一个对象在生命期内的行为、状态序列、所经历的转换等。状态图详见 9.7.2 节。活动图描述了系统对象从一个活动到另一个活动的控制流、活动序列、工作流程、并发处理行为等。活动图详见 9.7.2 节。

1. 状态图建模步骤

状态图可以为某一对象生命期的各种状态建模，步骤如下。

1）确定状态图描述的主体和范围，主体可以是系统、用例、类或者对象。

2）确定主体在其生命期的各种状态，并为状态编写序号。

3）确定触发状态转移的事件以及动作。

4）进一步简化状态图。

5）确定状态的可实现性，并确定无死锁状态。

6）审核状态图。

在绘制状态图时，应为每一个状态正确命名；先建立状态，再建立状态之间的转换；考虑分支、并发、同步的绘制；元素放于合适的位置，以避免连线交叉。

一个结构良好的状态图能够准确描述系统动态模型的一个侧面，在该图中只包含重要元素，可以在状态图中增加解释元素，以增加状态图的可读性。

2. 活动图建模步骤

活动图建模包括业务工作流建模和操作建模。

（1）工作流建模

业务工作流建模的步骤如下。

1）确定负责实现工作流的对象，对象是业务工作中的一个实体或抽象的概念，为重要对象分配泳道。

2）确定范围边界，明确起始状态与结束状态。

3）确定活动序列。

4）确定组合活动。

5）确定转换，应按优先级别依次处理顺序流活动转换、条件分支转换、分劈接合转换。

6）确定工作流中的重要对象，并加入活动图。

（2）操作建模

操作建模的步骤如下。

1）确定与操作有关的元素。

2）确定范围边界，明确起始状态与结束状态。

3）确定活动序列。

4）利用条件分支说明路径和迭代。

5）描述同步与并发。

一个结构良好的活动图能够准确描述系统动态模型的一个侧面，在该图中只包含重要元素，需提供与其抽象层次一致的细节，不应过分简化和抽象信息，可以在活动图中增加解释元素，以增加活动图的可读性。

10.4　系统体系结构建模

系统体系结构用于描述系统各部分的结构、接口以及用于通信的机制，包括软件系统体系结构模型和硬件系统体系结构模型。软件体系结构模型对系统的用例、类、对象、接口以及相互间的交互和协作进行描述。硬件系统体系结构模型对系统的组件、节点的配置进行描述。在 UML 中，使用组件图和配置图建立系统体系结构模型。

10.4.1　软件系统体系结构模型

软件系统体系结构模型，即系统逻辑体系结构模型。该模型将系统功能分配至系统的不同组织，并详细描述各组织之间如何协调工作以实现系统功能。

软件系统体系结构模型指出了系统应该具有的功能，明确了完成系统功能涉及的类和类之间的联系，指明了系统功能实现的时间顺序。

为了能够清晰地描述一个复杂的软件系统，需将软件系统分解为更小的子系统，每一子系统以一个包描述。包是一种分组机制，其将一些模型元素组织成语义相关的组，包中的所有模型元素成为包的内容，包之间的联系构成了依赖关系。

图 10-3 是一个三层结构的通用软件系统体系结构，由通用接口界面层、系统业务对象层和系统数据库层组成，每一层有其内部的体系结构。

通用接口界面层由系统接口界面类包、用户窗口包和备用组件库包组成。该层可以设置软件系统的运行环境接口界面及用户窗口接口界面。

系统业务对象层由系统服务接口界面包、业务对象管理包、外部业务对象包和实际业务对象包组成，该层可以设置用户窗口与系统功能服务接口界面的连接，通过对系统业务对象进行有效管理，以及对外部业务对象进行包装，形成能够实现系统功能的实际业务对象集。

系统数据库层由持久对象及数据包、SQL 包组成。该层可以将实际业务对象集作为持久对象及数据包存储在磁盘中，并可对这些持久对象及数据包进行 SQL 查询。

10.4.2　硬件系统体系结构模型

硬件系统体系结构模型是将系统硬件结构组成、各节点连接状况，以图形的方式展示代码模块的物理结构和依赖关系，并给出了进程、程序、组件等软件在运行时的物理分配。

硬件系统体系结构模型指出了系统中的类和对象涉及的具体程序或进程，标明了系统中配置的计算机和其他硬件设备，指明了系统中的各硬件设备如何连接，明确了不同代码文件之间的相互依赖关系。在 UML 中，配置图用于硬件体系结构建模。

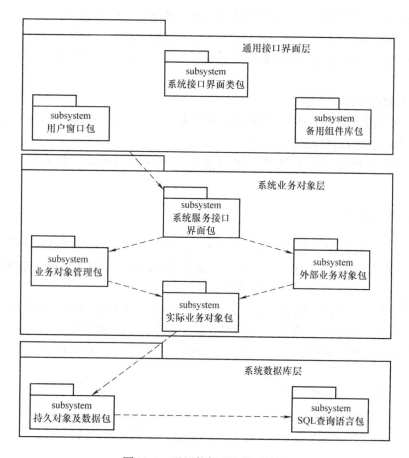

图 10-3　通用软件系统体系结构

10.4.3　组件图建模

在 UML 中，组件图用于软件体系结构建模。组件图包含组件、接口、组件之间的关系。组件是逻辑体系结构中定义的概念与功能在物理体系结构中的实现，通常为软件开发环境中的实现性文件。在 UML 中，对象库、可执行体、COM + 组件以及企业级 JavaBeans 均可以描述为组件。组件可分为源代码组件、二进制代码组件和可执行代码组件。组件是一种特殊的类，其有操作而无实现，操作的实现需由相应的组件实施。组件属于系统的组成部分，可在多个软件系统中复用，是软件复用的基本单位。每个组件均具有一个名字，称为组件名。组件可定义一组接口，这一组接口用以实现其内部模型元素的服务。在组件中可包含类，类通过组件实现，两者之间是依赖关系。组件具有输入接口和输出接口，其中输入接口是该组件使用其他组件的接口，该组件以输入接口为基础构造其他组件；输出接口是组件实现接口，即组件被使用接口。一个组件可以具有多个输入接口和多个输出接口，一个接口可以被一个组件输出，也可以被另一组件输入。组件图建模步骤与方法如下。

1. 组件图建模步骤

1）分析系统，从系统组成结构、软件复用、物理节点配置、系统归并、组件组成等方面寻找并确定组件。

2）使用构造型说明组件，并为组件命名，组件的命名应该有意义。

3）标识组件之间的依赖关系，对于接口应注意是输出接口还是输入接口。

4）进行组件的组织，对于复杂的软件系统，应使用"包"组织组件，形成清晰地结构层次。

2. 组件的建模方法

1）一个组件图应主要描述系统静态视图的某一个侧面，若要描述系统的完整静态视图，则要将系统的所有组件图接合起来。

2）组件图中只包含了与系统某一侧面描述有关的模型元素，并未包含所有的模型元素。

10.4.4 配置图建模

在 UML 中，配置图用于硬件体系结构建模。配置图主要用于在网络环境下运行的分布式系统或嵌入式系统建模，对于单机系统不需要配置图建模，仅仅需要包图组件图描述。配置图组成详见 9.7.2 节。配置图建模步骤如下：

1）根据硬件设备配置（如服务器、工作站、交换机、I/O 设备等）和软件体系结构功能（如网络服务器、数据库服务器、应用服务器、客户机等）确定节点。

2）确定驻留在节点内的组件和对象，并标明组件之间以及组件内对象之间的依赖关系。

3）用构造型注明节点的性质。

4）确定节点之间的通信联系。

5）对节点进行统一组织和分配，绘制结构清晰并且具有层次的配置图。

小 结

本章主要介绍面向对象的需求分析以及用例建模、对象类静态建模、对象类动态建模、系统体系结构建模。

习 题 10

1. 简述用例建模的步骤与过程。

2. 在系统分析阶段将创建哪些模型？

3. 如何创建对象类静态模型？

第 11 章　面向对象设计

本章要点

本章主要介绍面向对象设计准则及用面向对象观点建立求解空间模型的过程。

教学目标

了解面向对象设计准则、系统分解、设计问题域子系统、人机交互子系统、任务管理子系统、数据管理子系统，掌握类中的服务、关联的过程。

面向对象的方法不强调分析与设计之间严格的阶段划分，软件生存期的各阶段交叠回溯，整个生存期的概念一致，表示方法也一致，因此从分析到设计无须表示方式的转换。当然，分析与设计也有不同的分工与侧重，设计模型的抽象层次较低，因为它包含了与具体实现有关的细节，在设计建模过程中，设计的优劣直接影响软件质量，所以在设计阶段要遵循设计准则，按照设计策略设计出优秀方案。

11.1　面向对象设计准则

（1）模块化

模块化是软件设计的重要准则。在面向对象开发方法中，对象被定义为模块，对象把数据结构和作用在数据上的操作封装起来构成模块，成为组成系统的基本单元。

（2）抽象

抽象是抽出事物的本质、内在的特性，忽略一些无关紧要的属性。类就是一种抽象数据类型，定义类之后，可以创建对象。对象是类的一个实例，类包含了同一类对象所具有的共同属性和服务，对外定义了公共接口，这些公共接口构成了类的说明，供外界合法访问。

（3）信息隐藏

信息隐藏通过对象的封装性实现，类结构分离了接口和实现，那么对于类用户来讲，属性的表示方法和操作的实现算法是隐藏的。用户只能通过公共接口访问类中的属性。

（4）弱耦合

耦合是指一个软件结构内不同模块之间互连的依赖关系。依赖关系越多，耦合度越强；依赖关系越少，耦合度越弱。在面向对象设计方法中，对象是最基本的模块，不同对象之间相互关联的依赖关系表示了耦合度，而弱耦合是衡量设计优良的一个重要标准，因为弱耦合的设计可以使某个对象的改变不会或很少影响其他对象，从而给理解、测试或修改带来很大方便。

（5）强内聚

内聚是一个模块内各个元素彼此结合的紧密程度。结合越紧密，其内聚越强；结合得越不紧密，其内聚越弱。强内聚也是衡量设计优良的一个重要标准。在面向对象设计中，内聚可分为下述 3 类。

1）服务内聚。模块是单一的，一个模块只完成一项任务或一个服务只完成一种功能。

2）类内聚。类内聚要求类的属性和服务应该是高内聚的，而且它们应该是系统任务所必需的。一个类只有一个功能或用途，如果这个类有多个功能，通常把它分解成多个专用的类。

3）一般 - 特殊内聚。一般 - 特殊结构符合领域知识的表示形式，即特殊类应该尽量地继承一般类的属性和服务，它们是通用性和特殊性的一种方式，这种结构是高内聚的。

（6）可重用

软件重用是提高软件开发生产率和目标系统质量的重要途径，有两方面的含义，一是尽量使用已有的类（包括现有环境提供的类库及以往开发类似系统时创建的类）；二是如果确实需要创建新类，则在设计这些新类的协议时，应该考虑将来的可重复使用性。

11.2 启发式原则

在使用面向对象方法学开发软件的实践中，得出了以下一些基于经验的启发式原则。这些原则往往能帮助开发人员设计出更好的方案，以保证软件的质量。

（1）设计应该清晰易懂

良好的设计应该是清晰易懂的，它能提高软件的可维护性和可重用性。为了设计出良好的设计通常采用以下几个策略。

1）命名一致。命名应该与专业领域中的名字一致，并且要符合人们的思维习惯。不同类中相似服务的名字应该相同。

2）充分利用类协议。在设计中应该使用已经建立的类协议，避免重复劳动或重复定义带来的差异，这些协议或是其他设计人员已经建立的类协议，也可能是类库中已有的协议。

3）减少消息连接。尽量采用已有标准的消息连接，去掉不必要的消息连接。采用统一模式建立自己需要的消息连接。也就是说，尽量减少消息模式的数目，增强可读性、可理解性和可使用性。

4）避免模糊定义。应该定义具有明确用途的类，避免那些模糊的、不准确的类的定义。

（2）一般 - 特殊结构的深度应适当

从基类派生子类，再从子类派生下一层子类，这样的一般 - 特殊结构的类层次数应该适当，不必过于细化，即层次的深度应该是有限的。一般来说，在一个中等规模（大约包含100 个类）的系统中，类层次数应保持为 7 ± 2。

（3）设计简单的类

类设计应该尽量小而简单，便于复用，也便于开发和管理。类越复杂，它所包含的属性和服务相对就多，将来重用的可能性就越小，会给开发和使用带来困难。简单的类可按照下列策略定义。

1）避免包含过多的属性。一个类包含的属性多少将决定类的复杂程度。一个类包含太多属性表明该类过于复杂，就可能有过多的基于这些属性上的服务。

2）避免提供太多服务。一个类包含的服务多少也是决定类的复杂程度的一个重要因素。太复杂的类所提供的服务肯定太多。一般来说，一个类提供的公共服务不要超过 7 个。

3）明确精练的定义。如果一个类的任务简单了，则它的定义就明确精炼了，通常用几个简单的语句描述一个类的功能。

4）简化对象间的通信。每个对象应该独立完成任务，即对象之间合作关系要简单，耦合要尽可能松。这样，对象在完成任务时，不会过多地依赖其他对象的配合帮助。

（4）使用简单的协议

消息中的参数越多，表示对象之间传递的消息越复杂，同样表明对象之间的依赖关系越复杂，即对象间的耦合度越高。一般来说，简单消息中的参数不要超过 3 个，因为过多的参数会导致对象的修改复杂。

（5）使用简单的服务

类中的服务应该设计得既简单又小，用 3 ~ 5 行源程序代码比较合适。服务的源程序中不要包含过多的语句行，或者复杂的语句控制结构。如果一个服务非常复杂，则应该检查该服务的控制结构，并进行分解和简化，尽量避免设计复杂的服务。

（6）把设计变动减至最小

随着设计方案的逐渐成熟，改动也应该越来越小，这样才能设计出优良的结果。在设计中尽可能少改动，或者尽可能缩小修改的范围。如果将来有变化，也要看能否给出最小的变动，让变化能够实现，这是在面向对象设计时考虑将来可重用性的出发点。

11.3　系统分解

人类解决复杂问题时普遍采用的策略是"分而治之，各个击破"。同样，软件工程师在设计比较复杂的应用系统时普遍采用的策略，也是首先把系统分解成若干比较小的部分，然后再分别设计每个部分。这样做有利于降低设计的难度，有利于分工协作，也有利于维护人员对系统理解和维护。

系统的主要组成部分称为子系统，通常根据所提供的功能来划分子系统。例如，编译系统可划分成词法分析、语法分析、中间代码生成、优化、目标代码生成和出错处理等子系统。一般来说，子系统的数目应该与系统规模基本匹配。各个子系统之间应该具有尽可能简单、明确的接口。接口确定了交互形式和通过子系统边界的信息流，但是无须规定子系统内部的实现算法，因此可以相对独立地设计各个子系统。

在划分和设计子系统时，应该尽量减少子系统彼此间的依赖性。采用面向对象方法设计软件系统时，面向对象设计模型（即求解域的对象模型），面向对象分析模型（即问题域的对象模型）一样，也由主题、类与对象、结构、属性和服务等 5 个层次组成。这 5 个层次一层比一层表示的细节更多，可以把这 5 个层次想象为整个模型的水平切片。此外，大多数系统的面向对象设计模型，在逻辑上都由 4 大部分组成。这 4 大部分对应于组成目标系统的 4 个子系统，它们分别是问题域子系统、人机交互子系统、任务管理子系统和数据管理子系统。当然，在不同的软件系统中，这 4 个子系统的重要程度和规模可能相差很大。规模过大的在设计过程中应该进一步划分成更小的子系统，规模过小的可合并在其他子系统中。某些领域的应用系统在逻辑上可能仅由 3 个（甚至少于 3 个）子系统组成。

可以把面向对象设计模型的 4 大组成部分想象成整个模型的 4 个垂直切片。典型的面向对象设计模型如图11-1所示。

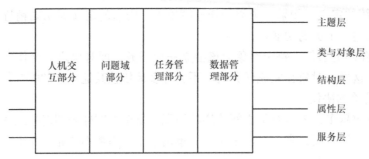

图 11-1 典型的面向对象设计模型

1. 子系统之间的两种交互方式

在软件系统中，子系统之间的交互有两种可能的方式，分别是客户－供应商（client－supplier）关系和平等伙伴（peer－to－peer）关系。

（1）客户－供应商关系

客户－供应商关系又称为单项交互方式。在这种关系中，作为"客户"的子系统调用作为"供应商"的子系统，后者完成某些服务工作并返回结果。使用这种交互方案，作为客户的子系统必须了解作为供应商的子系统的接口，然而后者却无须了解前者的接口，因为任何交互行为都是由前者驱动的。

（2）平等伙伴关系

平等伙伴关系又称为双向交互方式。在这种关系中，每个子系统都可能调用其他子系统，因此，每个子系统都必须了解其他子系统的接口。由于各个子系统需要相互了解对方的接口，因此这种组织系统的方案与客户－供应商方案相比，子系统之间的交互更复杂，而且这种交互方式还可能存在通信环路，从而使系统难于理解，容易发生不易察觉的设计错误。

总之，单向交互比双向交互更容易理解，也更容易设计和修改，因此子系统间的交互应该尽量使用客户－供应商关系。

2. 组织系统的两种方案

把子系统组织成完整的系统时，主要有水平层次组织和垂直块状组织两种方案。

（1）水平层次组织

这种组织方案把软件系统组织成一个层次系统，每层是一个子系统。上层在下层的基础上建立，下层为实现上层功能而提供必要的服务。每一层内所包含的对象，彼此间相互独立，而处于不同层次上的对象，彼此间往往有关联。实际上，在上、下层之间存在客户－供应商关系。低层子系统提供服务，相当于供应商，上层子系统使用下层提供的服务，相当于客户。

层次结构又可进一步划分成两种模式：封闭式和开放式。所谓封闭式，就是每层子系统仅使用其直接下层提供的服务。由于一个层次的接口只影响与其相邻的上一层，因此这种工作模式降低了各层次之间的相互依赖性，更容易理解和修改。在开放模式中，某层子系统可以使用处于其下面的任何一层子系统所提供的服务。这种工作模式的优点，是减少了需要在每层重新定义的服务数目，使得整个系统更高效更紧凑。但是，开放模式的系统不符合信息隐藏原则，对任何一个子系统的修改都会影响处在更高层次的那些子系统。设计软件系统时到底采用哪种结构模式，需要权衡效率和模块独立性等多种因素，通盘考虑以后再做决定。

通常，在需求陈述中只描述了对系统顶层和底层的需求，顶层就是用户看到的目标系统，底层则是可以使用的资源。这两层往往差异很大，设计者必须设计一些中间层次，以减少不同层次之间的概念差异。

（2）垂直块状组织

这种组织方案把软件系统垂直地分解成若干相对独立的、弱耦合的子系统，一个子系统相当于一块，每一块提供一种类型的服务。利用层次和块的各种可能的组合，可以成功地由多个子系统组成一个完整的软件系统。当混合使用层次结构和块状结构时，同一层次可以由若干块组成，而同一块也可以分为若干层。例如，图 11-2 表示一个应用系统的组织结构，这个应用系统采用了层次与块状的混合结构。

3. 设计系统的拓扑结构

构成完整系统的拓扑结构有管道状、树形、星形。为了减少系统之间的交互次数，设计时应该采用与问题结构相适应的、尽可能简单的拓扑结构。

图 11-2　典型应用系统的组织结构

11.4　设计问题域子系统

使用面向对象方法开发软件时，在分析与设计之间并没有明确的分界线，对于问题域子系统来说，情况更是如此。但是，分析与设计毕竟是性质不同的两类开发工作。分析工作可以而且应该与具体实现无关。设计工作则在很大程度上受具体实现环境的约束。在开始进行设计工作之前（至少在完成设计之前），设计者应该了解本项目预计要使用的编程语言，可用的软构件库（主要是类库）以及程序员的编程经验。

通过面向对象分析所得出的问题域精确模型，为设计问题域子系统奠定了良好的基础，建立了完整的框架。通常，面向对象设计仅需从实现角度对问题域模型作一些补充或修改，主要是增添、合并或分解类与对象、属性及服务、调整继承关系等。当问题域子系统过分复杂庞大时，应该把它进一步分解成若干更小的子系统。

使用面向对象方法学习开发软件，能够保持问题域组织框架的稳定性，从而便于追踪分析、设计和编程的结果。在设计与实现过程中所做的细节修改（例如增加具体类和增加属性或服务），并不影响开发结果的稳定性，因为系统的总体框架是基于问题域的。

对于需求可能随时间变化的系统来说，稳定性是至关重要的。下面介绍在面向对象设计过程中，可能对面向对象分析所得出的问题域模型作的补充或修改。

（1）调整需求

有两种情况会导致修改通过面向对象分析所确定的系统需求：一是用户需求或外部环境发生了变化；二是分析员对问题域理解不透彻或缺乏领域专家帮助，以致面向对象分析模型不能完整、准确地反映用户的真实需求。

无论出现上述哪种情况，通常都只需简单地修改面向对象分析结果，然后再把这些修改反映到问题域子系统中。

（2）重用已定义的类

代码重用从设计阶段开始，在研究面向对象分析结果时就应该寻找使用已定义类的方法。若因为没有合适的类可以重用而确实需要创建新的类，则在设计这些新类的协议时，必须考虑将来的可重用性。

如果有可能重用已定义的类，则重用已定义类的典型过程如下。

1）选择有可能被重用的已定义类，标出这些候选类中对本问题无用的属性和服务，尽量重用那些能使无用的属性和服务降到最低程度的类。

2）在被重用的已定义类和问题域类之间添加归纳关系（即从被重用的已有类派生出问题域类）。

3）标出问题域类中从已有类继承来的属性和服务。

4）修改与问题域类相关的关联，必要时改为与被重用的已有类相关的关联。

（3）把问题域类组合在一起

在面向对象设计过程中，设计者往往通过引入一个根类而把问题域类组合在一起。事实上，这是在没有更先进的组合机制可用时才采用的一种组合方法。

（4）增添一般化类以建立协议

在设计过程中常常发现，一些具体类需要有一个公共的协议。也就是说，它们都需要定义一组类似的服务（很可能还需要相应的属性）。在这种情况下可以引入一个附加类（如根类），以便建立这个协议（即命名公共服务集合，这些服务在具体类中仔细定义）。

11.5　设计人机交互子系统

在面向对象分析过程中，已经对用户界面的需求作了初步分析。在面向对象设计过程中，则应该对系统的人机交互子系统进行详细设计。实际上，它是软件系统能够接收用户的命令和能够为用户提供信息所需要的类。

人机交互部分的设计结果，将对用户情绪和工作效率产生重要影响。人机界面设计得好，则会使系统对用户产生吸引力，用户在使用系统的过程中会感到兴奋，能够激发用户的创造力，提高工作效率；相反，人机界面设计得不好，用户在使用过程中就会感到不方便、不习惯，甚至会产生厌烦和恼怒的情绪。

由于对人机界面的评价，在很大程度上由人的主观因素决定，因此使用由原型支持的系统化的设计策略，是成功设计人机交互子系统的关键。

1. 设计人机交互子界面的准则

（1）一致性

使用一致性的术语，一致的步骤，一致的动作。

（2）减少步骤

应使用户为做某件事情而需敲击键盘的次数、单击鼠标的次数或者下拉菜单的距离，都减至最少。还应使得技术水平不同的用户，为获得有意义的结果所需使用的时间都减至最少，特别应为熟练用户提供简捷的操作方法（如热键）。

（3）及时提供反馈信息

每当用户等待系统完成一项工作时，系统都应该向用户提供有意义的、及时的反馈信息，以便用户能够知道系统目前已经完成该项工作的多大比例。

（4）提供撤销命令

人在与系统交互的过程中难免会犯错误，因此应该提供"撤销（undo）"命令，以便用户及时撤销错误动作，消除错误动作造成的后果。

（5）无须记忆

不应该要求用户记住在某个窗口中显示的信息，然后再用到另一个窗口，这是软件系统的责任而不是用户的任务。

此外，在设计人机交互部分时应该力求达到下述目标：用户在使用该系统时用于思考人机交互方法所花费的时间减至最少，而用于实际想做的工作所用的时间达到最大值，更理想的情况是，人机交互界面能够增强用户的能力。

（6）易学

人机交互界面应该易学易用，应该提供联机参考资料，以便用户在遇到困难时可随时参阅。

（7）富有吸引力

人机交互界面不仅应该方便、高效，还应该使人在使用时感到心情愉快，能够从中获得乐趣，从而吸引人去使用它。

2. 设计人机交互子系统的策略

（1）将用户分类

人机交互界面是给用户使用的。显然，为设计好人机交互子系统，设计者应该认真研究使用它的用户，应该深入到用户的工作现场，仔细观察用户是如何做工作的，这对设计好人机交互界面非常必要。

在深入现场的过程中，设计者应该认真思考下述问题：用户必须完成哪些工作，设计者能够提供什么工具来支持这些工作的完成，怎样使得这些工具使用起来更方便更有效。

为了更好地了解用户的需要与爱好，以便设计出符合用户需要的界面，设计者首先应该把将来可能与系统交互的用户分类。通常从下列几个不同角度进行分类。

1）按技能水平分类，可分为新手、初级、中级和高级。

2）按职务分类，可分为总经理、经理和职员。

3）按所属集团分类，可分为职员和顾客。

（2）描述用户的类型

应该仔细了解将来使用系统的每类用户的情况，把获得的下列各项信息记录下来。

1）用户类型。

2）使用系统欲达到的目的。

3）特征（年龄、性别、受教育程度、使用系统的权限等）。

4）关键的成功因素（需求、爱好、习惯等）。

5）技能水平。

6）完成本职工作的脚本。

（3）设计命令层次

设计命令层次的工作通常包含以下几项内容。

1）研究现有的人机交互含义和准则。现在，Windows 操作系统已经成为微型计算机上图形用户界面事实上的工业标准。所有 Windows 应用程序的基本外观及给用户的感受都是相同的。例如，每个程序至少有一个窗口，它由标题栏标识；程序中大多数功能可通过菜单选用；选中某些菜单项会弹出对话框，用户可通过它输入附加信息。Windows 程序通常还遵守广大用户习以为常的许多约定。例如，文件菜单的最后一个菜单项是退出，在文件列表框中用鼠标单击某个表项，则相应的文件名变亮，若用鼠标双击，则会打开该文件。

设计图形用户界面时，应该保持与普通 Windows 应用程序界面相一致，并遵守广大用户习惯的约定，这样才会被用户接受。

2）确定初始的命令层次。所谓命令层次，实质上是用过程抽象机制组织起来的可供选用的服务的表示形式。设计命令层次时，通常先从对服务的过程抽象着手，然后再进一步修改它们，以适合具体应用环境的需要。

3）精化命令层次。为进一步修改完善初始的命令层次，应该考虑下列一些因素。

① 次序。仔细选择每个服务的名字，并在命令层的每一部分内把服务排好次序。排序时或者把最常用的服务放在最前面，或者按照用户习惯的工作步骤排序。

② 整体－部分关系。寻找在这些服务中存在的整体－部分模式，这样做有助于在命令层中分组组织服务。

③ 宽度和深度。由于人的短期记忆能力有限，命令层次的宽度和深度都不应该过大。

④ 操作步骤。应该用尽量少的单击、拖动和组合键来表达命令，而且应该为高级用户提供简捷的操作方法。

（4）设计人机交互类

人机交互类与所使用的操作系统及编程语言密切相关。例如，在 Windows 环境下应用 Java 语言编写程序时系统提供了类库。设计人机交互类时，往往仅需导包就可以从类库中选出一些适用的类，然后从这些类派生出符合自己需要的类即可。

值得注意的是，人机交互这部分一般都称为 GUI，就是图形界面人机交互，因为人们更熟悉使用鼠标，更熟悉使用图形屏幕来实现交互。

11.6　设计任务管理子系统

虽然从概念上说，不同对象可以并发地工作，但是在实际系统中，许多对象之间往往存在相互依赖关系。此外，在实际使用的硬件中，可能仅由一个处理器支持多个对象。因此，设计工作的一项重要内容，就是确定哪些是必须同时动作的对象，哪些是相互排斥的对象。然后，进一步设计任务管理子系统。

1. 分析并发性

通过面向对象分析建立起来的动态模型，是分析并发性的主要依据。如果两个对象彼此间不存在交互，或者它们同时接受事件，则这两个对象在本质上是并发的。通过检查各个对象的状态图及它们之间交换的事件，能够把若干非并发的对象归并到一条控制线中。所谓控制线，是一条遍及状态图集合的路径，在这条路径上每次只有一个对象是活动的。在计算机系统中用任务（task）实现控制线，一般认为任务是进程（process）的别名。通常把多个任务的并发执行称为多任务。

对于某些应用系统来说，通过划分任务，可以简化系统的设计及编码工作。不同的任务标识了必须同时发生的不同行为。这种并发行为既可以在不同的处理器上实现，也可以在单个处理器上利用多任务操作系统仿真实现（通常采用时间分片策略仿真多处理器环境）。

2. 设计任务管理子系统

常见的任务有事件驱动型任务、时钟驱动型任务、优先任务、关键任务和协调任务等。设计任务管理子系统，包括确定各类任务并把任务分配给适当的硬件或软件去执行。

（1）确定事件驱动型任务

某些任务是由事件驱动的，这类任务可能主要完成通信工作。例如，与设备、屏幕窗口、其他任务、子系统、另一个处理器或其他系统通信。事件通常是表明某些数据到达的信号。

在系统运行时，这类任务的工作过程如下：任务处于睡眠状态（不消耗处理器时间），等待来自数据线或其他数据源的中断，一旦接收到中断就唤醒了该任务，接收数据并把数据放入内存缓冲区或其他目的地，通知需要知道这件事的对象，然后该任务又回到睡眠状态。

（2）确定时钟驱动型任务

某些任务每隔一定时间间隔就被触发以执行某些处理。例如，某些设备需要周期性地获得数据；某些人机接口、任务、处理器或其他系统也都需要周期性地通信。在这些场合往往需要使用时钟驱动型任务。

时钟驱动型任务的工作过程如下：任务设置了唤醒时间后进入睡眠状态，任务睡眠（不消耗处理器时间），等待来自系统的中断，一旦接收到这种中断，任务就被唤醒并做它的工作，通知有关的对象，然后该任务又回到睡眠状态。

（3）确定优先任务

优先任务可以满足高优先级或低优先级的处理需求。

1）高优先级。某些服务具有很高的优先级，为了在严格限定的时间内完成这种服务，需要把这类服务分离成独立的任务。

2）低优先级。与高优先级相反，有些服务是低优先级的，属于低优先级处理（通常指那些背景处理）。设计时可能用额外的任务把这样的处理分离出来。

（4）确定关键任务

关键任务是关系到系统成功或失败的关键处理，这类处理通常都有严格的可靠性要求。设计过程中可能用额外的任务把这样的关键处理分离出来，以满足高可靠性处理的要求。高可靠性处理应该进行核心设计和编码，并且应该严格测试。

（5）确定协调任务

当系统中存在3个以上任务时，就应该增加一个任务，称它为协调任务。

引入协调任务会增加系统的总开销（增加从一个任务到另一个任务的转换时间），但是引入协调任务有助于把不同任务之间的协调控制封装起来。使用状态转换矩阵可以比较方便地描述该任务的行为。这类任务应该仅做协调工作，不要让它再承担其他服务工作。

（6）尽量减少任务数

必须仔细分析和选择每个确实需要的任务。应该使系统中包含的任务数尽量少。设计多任务系统的主要问题是，设计者常常为了自己处理时的方便而轻率地定义过多的任务。这样做加大了设计工作的技术复杂度，并使系统变得不易理解，从而也加大了系统维护的难度。

（7）确定资源需求

使用多处理器，主要是为了满足高性能的需求。设计者必须通过计算系统载荷（即每秒处理的业务数及处理一个业务所花费的时间）来估算所需要的CPU（或其他固件）的处理能力。

设计者应该综合考虑各种因素，以决定哪些子系统用硬件实现，哪些子系统用软件实现。

下述两个因素可能是使用硬件实现某些子系统的主要原因。

1）现有的硬件完全能满足某些方面的需求。例如，买一块浮点运算卡比用软件实现浮点运算要容易得多。

2）专用硬件比通用的 CPU 性能更高。例如，目前在信号处理系统中广泛使用固件实现快速傅里叶变换。

设计者在决定到底采用软件还是硬件的时候，必须综合权衡一致性、成本和性能等多种因素，还要考虑未来的可扩充性和可修改性。

11.7　设计数据库管理子系统

数据管理子系统是系统存储或检索对象的基本设施，它建立在某种数据存储管理系统之上且隔离了数据存储管理模式（文件、关系数据库或面向对象数据库）的影响。

1. 选择数据存储管理模式

不同的数据存储管理模式有不同的特点，适用范围也不相同，设计者应该根据应用系统的特点选择适用的模式。

（1）文件管理系统

文件管理系统是操作系统的一个组成部分，使用它长期保存数据具有成本低和简单等特点。但是，文件操作的级别低，为提供适当的抽象级别还必须编写额外的代码。Google，现在的存储容量应该是 4PB，即 4000TB 或 4×10^6 GB，有几万台的计算机，每台计算机里面是两个硬盘，然后是用文件形式进行存储，Google 的创始人通过分析，搜索引擎用文件存储比较方便。

（2）关系数据库管理系统

关系数据库管理系统的理论基础是关系代数。它不仅理论基础坚实，而且具有下列一些主要优点。

1）提供了各种最基本的数据管理功能，如中断恢复、多用户共享、多应用共享、完整性和事务支持等。

2）为多种应用提供了一致的接口。

3）使用标准化语言（大多数商品化关系数据库管理系统都使用 SQL）。

但是，为了做到通用与一致，关系数据库管理系统通常都相当复杂，且有下述一些具体缺点，以致限制了这种系统的普遍使用。

1）运行开销大。即使只完成简单的事务（例如只修改表中的一行），也需要较长的时间。

2）不能满足高级应用的需求。关系数据库管理系统是为商务应用服务的，商务应用中数据量虽大但数据结构却比较简单。事实上，关系数据库管理系统很难用在数据类型丰富或操作不标准的应用中。

3）与程序设计语言的连接不自然。SQL 支持面向集合的操作，是一种非过程性语言。然而大多数程序设计语言本质上却是过程性的，每次只能处理一个记录。

（3）面向对象数据库管理系统

面向对象数据库管理系统是一种新技术，主要有两种设计途径：扩展的关系数据库管理系统和扩展的面向对象程序设计语言。

1）扩展的关系数据库管理系统是在关系数据库的基础上，增加了抽象数据类型和继承机制，此外还增加了创建及管理类和对象的通用服务。

2）扩展的面向对象程序设计语言，扩充了面向对象程序设计语言的语法和功能，增加了在数据库中存储和管理对象的机制。开发人员可以用统一的面向对象观点进行设计，不再需要区分存储数据结构和程序数据结构（即生命期短暂的数据）。

目前，大多数"对象"数据管理模式都采用"复制对象"的方法，先保留对象值，然后在需要时创建该对象的一个副本。扩展的面向对象程序设计语言则扩充了这种机制，它支持"永久对象"方法，准确存储对象（包括对象的内部标识在内），而不是仅仅存储对象值。使用这种方法，当从存储器中检索出一个对象的时候，它就完全等同于原先存在的那个对象，"永久对象"方法，为在多用户环境中从对象服务器中共享对象奠定了基础。

2. 设计数据管理子系统

设计数据管理子系统，既需要设计数据格式又需要设计相应的服务。设计数据格式的方法与所使用的数据存储管理模式密切相关。下面分别介绍适用于每种数据存储管理模式的设计方法。

（1）文件系统

1）定义第一范式表，列出每个类的属性表，把属性表规范成第一范式表的定义。

2）为每个第一范式表定义一个文件。

3）测量性能和需要的存储容量。

4）修改原设计的第一范式，以满足性能和存储需求。

必要时把归纳结构的属性压缩在单个文件中，以减少文件数量，或把某些属性组合在一起，并用某种编码表示这些属性，而不再分别使用独立的域表示每个属性，这样做可以减少所需要的存储空间，但是增加了处理时间。

（2）关系数据库管理系统

1）定义第三范式表，列出每个类的属性表，把属性表规范成第三范式，从而得出第三范式表的定义。

2）为每个第三范式表定义一个数据库表。

3）测量性能和需要的存储容量。

4）修改先前设计的第三范式，以满足性能和存储需求。

（3）面向对象数据库管理系统

1）扩展的关系数据库途径：使用与关系数据库管理系统相同的方法。

2）扩展的面向对象程序设计语言途径：不需要规范化属性的步骤，因为数据库管理系统本身具有把对象值映射成存储值的功能。

11.8　设计类中的服务

1. 确定类中应有的服务

如果某个类的对象需要存储起来，则在这个类中增加一个属性和服务，用于完成存储对象自身的工作。应该把为此目的增加的属性和服务作为"隐含"的属性和服务，即无须在面向对象设计模型的属性和服务层中显式地表示它们，仅需在关于类与对象的文档中描述它们。这样设计之后，对象将知道怎样存储自己。用于"存储自己"的属性和服务，在问题域子系统和数据管理子系统之间构成一座必要的桥梁。利用多重继承机制，可以在某个适当的基类中定义这样的属性和服务，然后，如果某个类的对象需要长期存储，该类就从基类中继承这样的属性和服务。

2. 设计实现服务的方法

设计实现服务的算法时，应该考虑下列几个因素。

（1）算法复杂度

通常选用复杂度较低（即效率较高）的算法，但也不要过分追求高效率，应以能满足用户需求为准。

（2）容易理解与容易实现

容易理解与容易实现的要求往往与高效率有矛盾，设计者应该对这两个因素适当折中。

（3）易修改

应该尽可能预测将来可能做的修改，并在设计时预先做些准备。

（4）选择数据结构

在分析阶段，仅需考虑系统中需要的信息的逻辑结构，在面向对象设计过程中，则需要选择能够方便、有效地实现算法的物理数据结构。

（5）定义内部类和内部操作

在面向对象设计过程中，可能需要增添一些在需求陈述中没有提到的类，这些新增加的类，主要用来存放在执行算法过程中所得出的某些中间结果。此外，复杂操作往往可以用简单的对象上的更低层操作来定义。因此，在分解高层操作时常引入新的低层操作，在面向对象设计过程中应该定义这些新增加的低层操作。

面向对象的设计和传统方法的设计完全不同，面向对象的设计将概要设计和详细设计合二为一，没有一种说法叫面向对象的概要设计，或面向对象的详细设计，而只有面向对象的设计。

11.9 设计关联

在对象模型中，关联是连接不同对象的纽带，它指定了对象相互间的访问路径。在面向对象设计过程中，设计人员必须确定实现关联的具体策略。既可以选定一个全局性的策略，统一实现所有关联，也可以分别为每个关联选择具体的实现策略，以与它在应用系统中的使用方式相适应。

为了更好地设计实现关联的途径，首先应该分析使用关联的方式。

（1）关联的遍历

在应用系统中，使用关联有两种可能的方式：单向遍历和双向遍历。在应用系统中，某些关联只需要单向遍历，这种单向关联实现起来比较简单，而另外一些关联可能需要双向遍历，双向关联实现起来稍微麻烦一些。在使用原型法开发软件的时候，原型中所有关联都应该是双向的，以便于增加新的行为，快速地扩充和修改原型。

（2）实现单向关联

用指针可以方便地实现单向关联。如果关联的重数是一元的（见图11-3），则实现关联的指针是一个简单的指针；如果重数是多元的，则需要用一个指针集合来实现关联。其中 1＋所在的一方表示 1 个或多个，即一个公司有 1 个或多个职员。

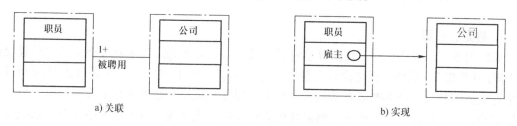

a) 关联   b) 实现

图 11-3　用指针实现单向关联

（3）实现双向关联

许多关联都需要双向遍历，当然，两个方向遍历的频度往往并不相同。实现双向关联有两种方法。第一种方法是只用属性实现一个方向的关联，当需要反向遍历时就执行一次正向查找。如果两个方向遍历的频度相差很大，而且需要尽量减少存储开销和修改时的开销，则这是一种很有效地实现双向关联的方法。第二种方法是两个方向的关联都用属性实现。具体实现方法如图 11-4 所示。这种方法能实现快速访问，但是，如果修改了一个属性，则相关

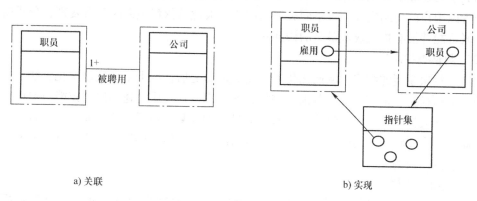

a) 关联   b) 实现

图 11-4　实现双向关联

的属性也必须随之修改，才能保持该关联链的一致性。当访问次数远远多于修改次数时，这种实现方法很有效。

（4）链属性的实现

关联对象不属于相互关联的任何一个类，它是独立的关联类的实例，如图 11-5 所示。工资其实就是雇用这个链，这个关系的属性，所以工资理论上应该不是雇员的属性，而是雇佣关系的属性。

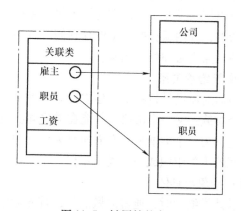

图 11-5　链属性的实现

11.10 设计优化

1. 确定优先级

系统的各项质量指标并不是同等重要的，设计人员必须确定各项质量指标的相对重要性（即确定优先级），以便在优化设计时制订折中方案。系统的整体质量与设计人员所制订的折中方案密切相关。最终产品成功与否，在很大程度上取决于是否选好了系统目标。最糟糕的情况是，没有站在全局高度正确确定各项质量指标的优先级，以致系统中各个子系统按照相互对立的目标做了优化，导致系统资源的严重浪费。

在折中方案中设置的优先级应该是模糊的。事实上，不可能指定精确的优先级数值（如速度48%、内存25%、费用8%、可修改性19%）。最常见的情况是在效率和清晰性之间寻求适当的折中方案。

2. 提高效率的几项技术

（1）增加冗余关联以提高访问效率

在面向对象分析过程中，应该避免在对象模型中存在冗余的关联，因为冗余关联不仅没有增添关于问题域的任何信息，反而会降低模型的清晰程度。但是，在面向对象设计过程中，当考虑用户的访问模式，及不同类型访问之间彼此的依赖关系时就会发现，分析阶段确定的关联可能并没有构成效率最高的访问路径。

（2）调整查找次序

改进了对象模型的结构，从而优化了常用的遍历之后，接下来就应该优化算法了。优化算法的一个途径是尽量缩小查找范围。例如，假设用户在使用上述的雇员技能数据库的过程中希望找出既会讲日话，又会讲法语的所有雇员。如果某公司只有5位雇员会讲日语，会讲法语的雇员却有200人，则应该先查找会讲日语的雇员，然后再从这些会讲日语的雇员中查找同时又会讲法语的人。

（3）保留派生属性

通过某种运算而从其他数据派生出来的数据，是一种冗余数据。通常把这类数据"存储"（或称为"隐藏"）在计算机的表达式中。如果希望避免重复计算复杂表达式所带来的开销，可以把这类冗余数据作为派生属性保存起来。派生属性既可以在原有类中定义，也可以定义新类，并用新类的对象保存它们。每当修改了基本对象之后，所有依赖于它的保存派生属性的对象也必须相应地修改。

3. 调整继承关系

在面向对象设计过程中，建立良好的继承关系是优化设计的一项重要内容。继承关系能够为一个类族定义一个协议，并能在类之间实现代码共享以减少冗余。一个基类和它的子孙类在一起称为一个类继承。在面向对象设计中，建立良好的类继承是非常重要的，利用类继承能够把若干类组织成一个逻辑结构。

（1）抽象与具体

在设计类继承时，通常的做法是，首先创建一些满足具体用途的类，然后对它们进行归纳，一旦归纳出一些通用的类以后，往往可以根据需要再派生出具体类。在进行了一些具体化（即专门化）的工作之后，也许就应该再次归纳了。对于某些类继承来说，这是一个持续不断的演化过程。图11-6用一个人们在日常生活中熟悉的例子，说明上述从具体到抽象，再到具体的过程。

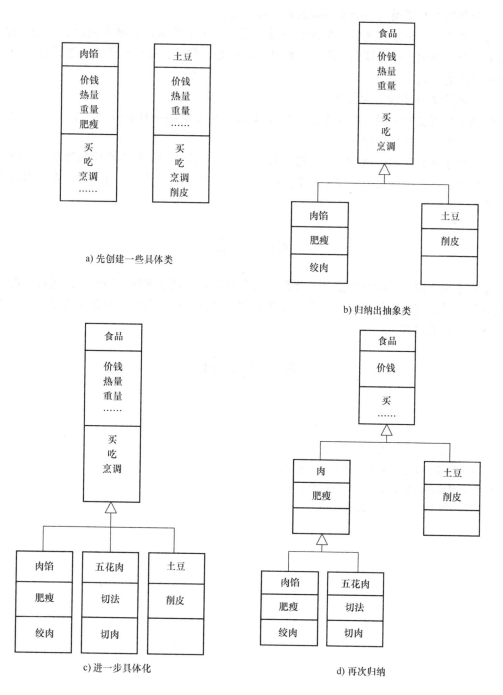

a) 先创建一些具体类

b) 归纳出抽象类

c) 进一步具体化

d) 再次归纳

图 11-6　设计类继承的例子

（2）为提高继承程度而修改类定义

如果在一组相似的类中存在公共的属性和公共的行为，则可以把这些公共的属性和行为抽取出来放在一个共同的祖先类中，供其子类继承，更常见的情况是，各个现有类中的属性和行为（操作），虽然相似却并不完全相同。在这种情况下需要对类的定义稍加修改，才能定义一个基类供其子类从中继承需要的属性或行为。

有时抽象出一个基类之后，在系统中暂时只有一个子类能从它继承属性和行为。显然，在当前情况下抽象出这个基类并没有获得共享的好处。但是，这样做通常仍然是值得的，因为将来可能重用这个基类。

（3）利用委托实现行为共享

仅当存在真实的一般－特殊关系（即子类确实是父类的一种特殊形式）时，利用继承机制实现行为共享才是合理的。

有时程序员只想用继承作为实现操作共享的一种手段，并不打算确保基类和派生类具有相同的行为。在这种情况下，如果从基类继承的操作中包含了子类不应有的行为，则可能引起麻烦。

小　结

本章详细介绍了面向对象设计，就是用面向对象观点建立求解空间模型的过程，即进行系统分解、设计问题域子系统、人机交互子系统、任务管理子系统、数据管理子系统、类中的服务、关联的过程。

习　题　11

1. 面向对象设计应遵循哪些准则？
2. 什么是对象？它与传统的数据有何关系？有何不同？
3. 什么是类？它与对象的关系是什么？
4. 简述消息、方法、继承、封装、结构与连接的定义。
5. 什么是面向对象分析？分析问题的层次是什么？
6. 试阐述面向对象分析的过程。

第12章 面向对象实例1——银行系统的分析与设计

12.1 系统需求

银行是与生活紧密相关的一个机构，银行提供了存款、取放、转账等业务。在银行设立账户的人或机构通常被称为银行的客户。一个客户可以在银行开立多个账户，客户可以存钱到账户中，也可以从自己的账户中取钱，还可以将存款从一个账户转到另一个账户。客户还可以随时查询自己账户的情况，并查询以前所进行的存款、取款等交易记录。客户也有权利要求注销账户。

上面所描述的是银行的最基本功能，实际生活中的银行要具有复杂得多的功能。例如，客户可以持有信用卡，可以使用信用卡来进行存取、支付等活动。为了简化系统，本章的例子只考虑上述的基本功能。

在对上面描述的银行系统的基本需求进行分析后，可知这个简化的银行系统至少应该具有如下功能：

1）一个银行可以有多个账户。

2）一个银行可以有多个客户。

3）一个客户可以持有多个账户。

4）可以开户。

5）可以注销账户。

6）可以取钱。

7）可以存钱。

8）可以在银行内的账户之间转账。

9）可以在不同银行的账户之间转账。

上面每一行描述了一个功能，这种表达有利于测试需求的定义，因为每一行描述的功能都是单独可测的。在分析系统需求时，保证每个功能可测是一个很好的习惯。

由于分析设计过程是个迭代的软件开发过程，所以需求也会在分析设计的过程中不断补充、细化。上述的需求只是初步的基本需求，还有待不断地细化、完善。

12.2 创建用例模型

采用用例驱动的分析方法分析需求的主要任务是，识别出系统中的参与者和用例，并建立用例模型。参与者和用例是通过分析功能需求确定的。

12.2.1 识别参与者

通过分析银行系统的功能需求，可以识别出 3 个参与者："Clerk"（银行职员）、"CustomerActor"（客户，因为系统设计中会出现类 Customer，为了区分，将代表客户的参与者命名为 "CustomerActor"）、BankActor（银行，因为系统设计中会出现类 Bank，为了区分，将代表银行的参与者命名为 "BankActor"）。

参与者的描述如下：

（1）Clerk（银行职员）

描述：Clerk 可以创建、删除账户，并可以修改账户信息。

示例：银行的工作人员。

（2）CustomerActor（客户）

描述：CustomerActor 可以存钱、取钱，并在不同账户之间转账。

示例：任何在银行中开有账户的个人或组织。

（3）BankActor（银行）

描述：客户可以在 BankActor 中设立或关闭账户。

示例：任意一个提供存款、取款、转账等业务的银行。

12.2.2 识别用例

前面已经识别出了参与者，通过对需求的进一步分析，可以确定系统中有如下用例存在。

（1）Login（登录）

本用例提供了验证用户身份的功能。

（2）Deposit fund（存款）

本用例提供了存钱到账户的功能。

（3）Withdraw fund（取款）

本用例提供了从账户中取钱的功能。

（4）Transfer fund within a bank（在银行内转账）

本用例提供了在属于同一银行的账户之间转账的功能。

（5）Transfer fund between banks（在不同的银行之间转账）

本用例提供了在属于不同银行的账户之间转账的功能。由于用例（4）与（5）具有公共行为，因此可以抽象出一个父用例 "Transfer fund"。

（6）Transfer fund（转账）

本用例描述了转账的通用行为，是用例（4）与（5）的父用例。系统的用例图如图 12-1所示。

图 12-1 中，参与者 "Clerk" 与用例 "Login" 和 "Maintain Account" 交互，参与者 "Clerk" 作为参与者 "CustomerActor" 的代理与用例 "Deposit fund""Withdraw fund""Transfer fund" 交互，也即参与者 "CustomerActor" 依赖参与者 "Clerk" 完成存钱、取钱、转账的动作。由于 "转账" 既可以在属于同一银行的账户之间发生，也可以在属于不同银行的账户之间发生，而发生于不同银行的账户之间的转账需要与参与者 "BankActor" 交互，因

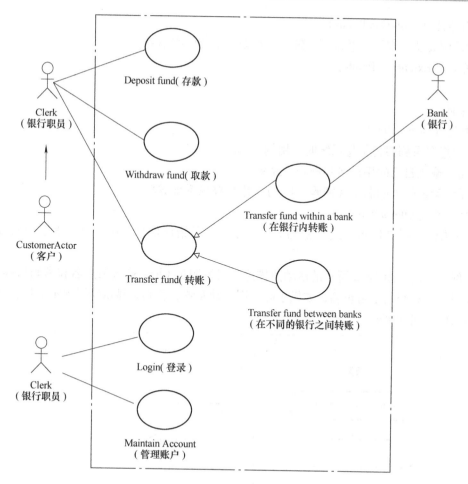

图 12-1　银行系统用例图

此需要用两个不同的用例来描述银行内的转账和银行之间的转账。本例中，用例"Transfer fund"具有两个子用例"Transfer fund between banks"和"Transfer fund within a bank"，因此它们之间存在类属关系。另外，用例"Transfer fund between banks"要与另一个银行的参与者"BankActor"交互。

（7）Maintain Account（管理账户）

本用例提供了创建、删除账户以及修改账户信息的功能。

12.2.3　用例的事件流描述

用例的事件流是对完成用例行为所需的事件的描述。事件流描述了系统应该做什么，而不是描述系统应该怎样做。下面以用例事件流描述实例对前面识别出的用例逐个进行描述。

1　"Login"（登录）

1.1　简单描述

本用例描述了用户如何登录到系统中。

1.2　前置条件（Pre-Conditions）

无。

1.3 后置条件（Post-Conditions）

如果用例成功，则用户登录到系统中；否则，系统状态不变。

1.4 扩充点（Extension Points）

无。

1.5 事件流

1.5.1 基流（Basic Flow）

当用户想登录到银行信息系统时，用例启动。

1）用户输入自己的用户名和密码，提交。

2）系统验证输入的名字和密码（E-1），用户登录系统成功。

1.5.2 替代流（Alternative Flow）

E-1 如果输入用户名和（或）密码无效，系统提示错误信息，用户可以重新输入或终止用例。

该用例可以用如图 12-2 所示的活动图描述，银行职员 Clerk 输入用户名和密码后提交，系统验证用户名和密码是否正确，如果正确，则启动系统；否则，显示错误提示信息，并提示重新输入用户名和密码。

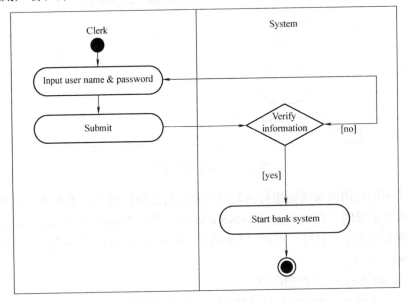

图 12-2 "登录"活动图

2 "Deposit fund"（存款）

2.1 简单描述

本用例允许客户借助 Clerk 存款到账户中。

2.2 前置条件（Pre-Conditions）

在本用例开始前，Clerk 必须登录到系统中。

2.3 后置条件（Post-Conditions）

如果用例成功，则客户 Customer Actor 账户中存款的金额发生变化；否则，系统状态不变。

2.4　扩充点（Extension Points）

无。

2.5　事件流

2.5.1　基流（Basic Flow）

当 CustomerActor 想存钱到自己账户时，要向 Clerk 提交存款单和现金，用例启动。

1）系统提示 Clerk 输入用户姓名、用户的 ID 号、账号和所存款项的金额。

2）Clerk 输入相关信息后提交，系统确认账户是否存在并有效（当用户姓名、用户的 ID 号与账户的户主信息一致且账户处于非冻结状态时，账户有效）（E-1）。

3）系统建立存款事件记录，并更新账户的相关信息。

2.5.2　替代流（Alternative Flow）

E-1：账户不存在或无效，显示提示信息，用户可以重新输入或终止该用例。该用例的活动图如图 12-3 所示。

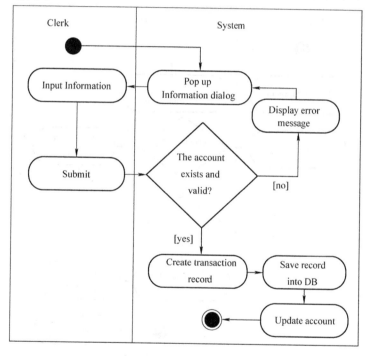

图 12-3　"存款"活动图

3　"Withdraw fund"（取款）

3.1　简单描述

本用例允许 Clerk 按照客户的要求从客户的账户中取款。

3.2　前置条件（Pre-Conditions）

在本用例开始前，用户必须登录到系统。

3.3　后置条件（Post-Conditions）

如果用例成功，则客户 Customer Actor 账户中存款的金额发生变化；否则，系统状态不变。

3.4　扩充点（Extension Points）

无。

3.5 事件流

3.5.1 基流（Basic Flow）

当 CustomerActor 想存钱到自己账户时，要向 Clerk 提交存款单和现金，用例启动。

1）系统提示 Clerk 输入用户姓名、用户的 ID 号，账号和取款项的金额。

2）Clerk 输入相关信息后提交，系统确认账户是否存在并有效（E-1），账户中的存款金是否足够支付所取款项（E-2）。

3）系统建立取款事件记录，并更新账户的相关信息。

3.5.2 替代流（Alternative Flow）

E-1：账户不存在或无效，显示提示信息，用户可以重新输入或终止该用例。

E-2：账户中的存款金额不足，显示提示信息，用户可以重新输入金额或终止该用例。

该用例的活动图如图 12-4 所示。

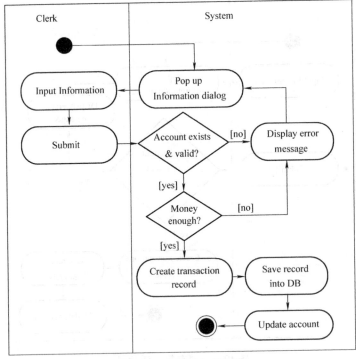

图 12-4 "取款"活动图

4 "Transfer fund"（转账）

4.1 简单描述

本用例允许 Clerk 按照客户的要求将资金从一个账户转到另一个账户。

4.2 前置条件（Pre-Conditions）

在本用例开始前，用户必须登录到系统。

4.3 后置条件（Post-Conditions）

如果用例成功，则客户 CustomerActor 账户中存款的金额发生变化；否则，系统状态不变。

4.4 扩充点（Extension Points）

无。

4.5　事件流

4.5.1　基流（Basic Flow）

当 CustomerActor 要求转账时，用例启动。

1）系统提示 Clerk 输入用户姓名、用户的 ID 号、账号和取款项的金额。

2）Clerk 输入相关信息后提交（资金输入账户所在的银行，只能在所提供的银行列表中选择）。

3）系统确认资金转出账户是否存在并有效（E-1），资金转出账户中的金额是否足够支付所转款项（E-2）。

4）更新资金转出账户的相关信息。

5）为资金转出账户建立转账记录。

6）存储转账记录。

7）判断资金转入账户是否属于同银行。

如果资金转入账户与资金转出账户属于同一银行，则执行分支流 S-1；在同一银行的账户间转账。

如果资金转入账户与资金转出账户属于不同银行，则执行分支流 S-2；在不同银行的账户间转账。

4.5.2　分支流（Sub Flows）

S-1 在同一银行的账户间转账，则执行如下步骤。

1）系统确认资金转入账户是否存在并有效（当账户处于非冻结状态时，账户有效）（E-1）。

2）更新资金转入账户的相关信息。

3）为资金转入账户建立转账记录。

4）存储转账记录。

S-2 在不同银行的账户间转账，则发送转账通知给另一个银行。

4.5.3　替代流（Alternative Flow）

E-1：账户不存在或无效，显示提示信息，用户可以重新输入或终止该用例。

E-2：账户中的存款金额不足，显示提示信息，用户可以重新输入金额或终止该用例。

图 12-5 所示的活动图模拟了转账的工作流。

5　"Maintain Account"（管理账户）

5.1　简单描述

本用例是 Clerk 对账户进行日常管理。

5.2　前置条件（Pre-Conditions）

在本用例开始前，Clerk 必须登录到系统。

5.3　后置条件（Post-Conditions）

如果用例成功，账户信息必会被添加至系统或被更新（修改）或从系统中删除；否则，系统状态没有变化。

5.4　扩充点（Extension Points）

无。

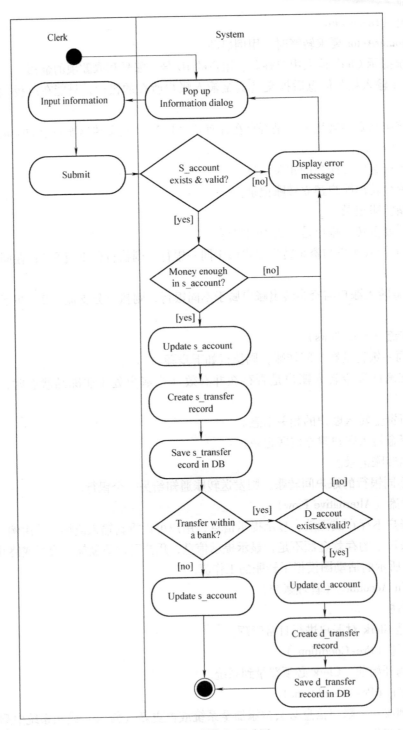

图 12-5　"转账"活动图

5.5　事件流

5.5.1　基流（Basic Flow）

当 Clerk 想添加、修改或删除账户信息时，用例启动。

系统要求 Clerk 选择所要执行的活动（添加账户、修改账户信息或删除账户）。

如果所选的活动是"添加账户"，则执行分支流 S-1：添加账户。

如果所选的活动是"删除账户"，则执行分支流 S-2：删除账户。

如果所选的活动是"修改账户信息"，则执行分支流 S-3：修改账户信息。

5.5.2　分支流（Sub Flows）

S-1：添加账户。其操作步骤如下。

1）系统要求 Clerk 输入客户信息：姓名、ID 号、地址、存储金额。

2）Clerk 输入所要求信息后提交。

3）系统为客户建立账户。

4）将账户信息存储到数据库中。

S-2：删除账户。其操作步骤如下。

1）系统提示 Clerk 输入账号（E-1）。

2）Clerk 输入账号后提交。

3）系统检索账户信息（E-2）。

4）显示账户信息。

5）Clerk 确认删除（E-3）。

6）关闭账户。

7）从系统中删除账户。

S-3：修改账户信息。其操作步骤如下。

1）系统提示 Clerk 输入账号（E-1）。

2）Clerk 输入账号后提交。

3）系统检索账户信息（E-2）。

4）显示账户信息。

5）Clerk 修改账户信息。

6）Clerk 修改完毕提交。

7）系统更新账户信息。

5.5.3　替代流（Alternative Flow）

E-1：输入无效的账户，Clerk 可以重新输入或终止该用例。

E-2：账户不存在，系统显示错误信息，Clerk 重新输入账号或取消操作（用例终止）。

E-3：取消删除，删除账户操作被取消，用例终止。

"创建账户"的活动图如图 12-6 所示。

"删除账户"的活动图如图 12-7 所示。

"修改账户"的活动图如图 12-8 所示。

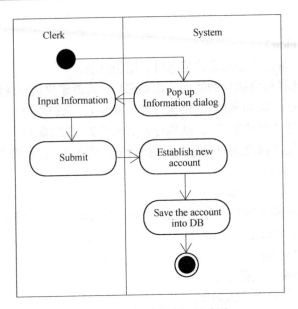

图 12-6 "创建账户"活动图

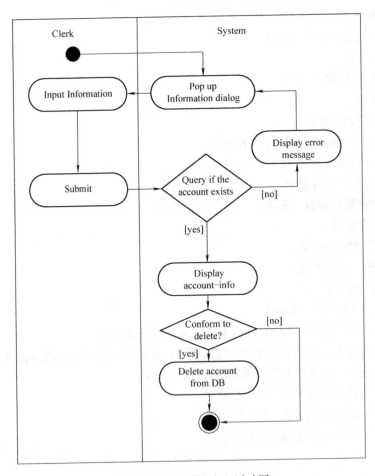

图 12-7 "删除账户"活动图

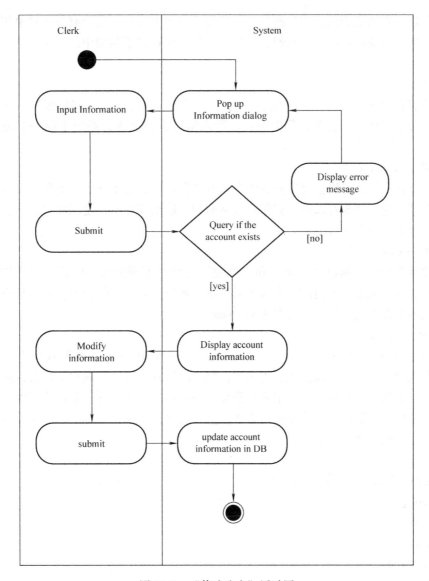

图 12-8 "修改账户"活动图

12.3 对象类静态模型

进一步分析系统需求，识别出类以及类之间的关系，确定它们的静态结构和动态行为，是面向对象分析的基本任务。系统的对象类静态模型主要用类图或对象图描述。

12.3.1 定义系统对象类

定义过系统需求，就可以根据系统需求来识别系统中所存在的对象。系统对象的识别可以通过寻找系统域描述和需求描述中的名词来进行，从前述的系统需求描述中可以找到的名词有银行（Bank）、账户（Account）、客户（Customer）和资金（Funds）。这些都是对象图中的候选对象。判断是否应该为这些候选对象创建类的方法是：是否有与该对象相关的身份和行为。如果答案是肯定的，那么候选对象应该是一个存在于模型中的对象，就应该为之创建类。

1. 银行（Bank）

银行是有身份的，例如"中国银行"与"中国工商银行"是不同的银行。在这个软件系统中，银行没有相关的行为，但有身份，所以银行也应该成为系统中的一个类，类名为Bank。

2. 账户（Account）

账户也具有身份，可以根据账户的账号来区别账户，具有不同账号的账户是不同的。账户具有相关的行为，资金可以存入到账户或从账户中取出或在账户之间转移，所以账户也是系统中的一个类，类名为Account。

3. 客户（Customer）

客户也具有身份，例如"刘新"和"刘建"是两个不同的人，而具有相同名字和不同身份证号码的两个人也是不同的。在这个系统中，客户没有相关的行为，但有身份，所以客户也应该成为系统中的一个类，类名为Customer。

4. 资金（Funds）

资金没有身份，例如无法区分这个1000元与另一个1000元，也没有与资金相关的行为。也许有人会说，资金可以存入、提出或在账户间转移，但这是账户的行为，而不是资金自身的行为。所以，与其用一个类来表示资金，不如用一个简单的浮点数值来表示资金。

从上述分析可以看出，系统至少具有3个重要的类：Bank、Account、Customer。接着需要确定这些对象的属性和行为。

（1）类Bank

类Bank代表物理存在的银行。类Bank应该具有下列私有属性。

bankCode：String

name：String

address：String

phone：String

fax：String

为了设置和访问对象的私有属性值，类Bank应该具有下述方法。

setBankCode（code：String）

setName（name：String）

setAddress（address：String）

setPhone（phone：String）

setFax（fax：String）

getBankCode（）：String

getName（）：String

getAddress（）：String

getPhone（）：String

getFax（）：String

一般情况下，都要将属性声明为私有属性，访问私有属性必须通过方法来进行。因此，对于类的每个私有属性，都有相应的 setXX（）方法用来设置私有属性值，相应的 getXX（）方法用来访问私有属性值，此处就不再对私有属性的 setXX（）和 getXX（）方法——列举了。

（2）类 Account

在确定类 Account 的属性和方法时，应考虑如下需求。

1）一个银行可以有多个账户。根据这个需求，银行应该可以提供账户列表，但这个账户不必被银行外的对象访问。可以用数据库实现这个需求。

2）可以开户。在创建账户时，应提供持有者的信息和账户的资金数目。因此，提供这个功能的操作定义应该为

newAccount（holder：Customer，balance：float）：void

3）可以注销账户。根据这个需求，Account 应该有注销账户的操作：

remAccount（accountNo：String）：void

4）可以取钱。根据这个需求，类 Account 应该具有如下操作：

withdraw（holderName：String，holderID：String，accountNo：String，money：float）：float

该操作返回账户余额。

5）可以存钱。根据这个需求，类 Account 应该具有如下操作：

deposit（holderName：String，holderID：String，accountNo：String，money：float）：float

该操作返回账户余额。

6）可以在银行内的账户之间转账。在账户间转账要比简单的存钱、取钱的行为复杂，不但要规定转账的金额，还要规定资金转入或转出的账户以及账户所在的银行，因此该操作的定义为

transferIn（accountNo：String，bankCode：String，money：float）：float

该操作以资金转入账户账号、转入账户所在银行代码和转账金额为参数，以转账后的余额为返回值。

tranferOut（accountNo：String，bankCode：String，money：float）：float

该操作以资金转出账户账号、转出账户所在银行代码和转账金额为参数，以转账后的余额为返回值。

7）可以在不同银行的账户之间转账。这个功能已经被上面的操作 transferIn（）和 transferOut（）支持，因为操作的参数已经包含了银行信息——银行的代码号。银行的代码号是独一无二的，可用来识别银行。

随着设计的不断进行，可以得出 Account 还应该具有如下操作：

① newBalance（）：float

该操作计算新的账户余额。

② update（）：void

该操作更新数据库中的账户信息。

③ save（）：void

该操作将账户信息存储到数据库中。

④ delete（）：void

该操作从数据库中删除账户。

⑤ closeAccount（accountNo：String）：void

该操作对账户进行结算并关闭。

⑥ getAccount（accountNo：String）：Account

该操作返回指定账号的账户信息。

Query（holederName：String, holderId：StringaccountNo：String, Money：float, isSaving：Boolean）：Boolean

该操作查询账户是否存在，若是取款，还要查询账户金额是否足够。

类 Account 应该具有如下私有属性：

bank：Bank

holder：Customer［］

accountNo：String

createDate：Date

balance：float

（3）类 Customer

1）一个银行可以有多个客户。根据这个需求，银行应该可以提供客户列表，但这个客户列表不必被银行外的对象访问。

2）一个客户可以有多个账户。这个需求表明在客户（Customer）与账户（Account）之间存在"一"对"多"的关系，所以类 Customer 应该具有如下操作：

getAccounts（）：Account［］

随着设计的不断进行，可以发现类 Customer 还具有如下操作：

query（name：String, id：String）：Boolean

该操作查询数据库中是否存在指定客户名和 ID 号的客户信息。

newCustomer（name：String, id：String, address：String, account：Account［］）：void

该操作创建客户对象。

save（）：void

该操作将客户信息存储到数据库中。

update（）：void

该操作更新数据库中的客户信息。

hasAccount（）：Boolean

该操作判断客户是否还持有账户。

delete（）：void

该操作删除数据库中客户信息。

3）类 Cusomer 具有如下私有属性：

name：String

customerId：String

address：String

account：String

在银行中，对账户进行存钱、取钱、转账操作，要保留业务记录，因此在系统中还应有代表这些业务记录的对象存在。可以为这些对象建立如下 3 个类：Deposit（存款业务记录）、Withdraw（取款业务记录）、Transfer（转账业务记录）。这 3 个类都是一种业务记录，因此可以抽象出父类：Transaction。

（4）类 Transaction

1）私有属性：

account：Account

createDate：Date

fund：float

2）公共方法：

newTransaction（account：Account，createDate：Date，fund：float）：void

该操作创建交易记录。

save（）：void

该操作将交易记录存储到数据库中。

（5）类 Deposit

该操作继承类 Transaction

1）私有属性：

无。

2）公共方法：

newDeposit（account：Account，fund：float，date：Date）：void

该操作创建存款交易记录。

save（）：void

该操作将存款交易记录存储到数据库中。

（6）类 Withdraw

该操作继承类 Transaction。

1）私有属性：

无。

2）公共方法：

newWithdraw（account：Account，fund：float，date：Date）：void

该操作创建取款交易记录。

save（）：void

该操作将取款交易记录存储到数据库中。

（7）类 Transfer

该操作继承类 Transaction。

1）私有属性：

transferAccountNo：String

transferBank：Bank

2）公共方法：

newTransfer（ account：Account，transferAccountNo：String，transferBank：bankFund：

float，date：Date)：void

该操作创建转账交易记录。

save（）：void

该操作将转账交易记录存储到数据库中。

12.3.2　定义用户界面类

用户与系统需要交互，一个用户友好的系统通常都采用直观的图形化界面，因此需要定义系统的用户界面类。

用来建立动态模型的时序图对于定义类、类的方法和属性是很有帮助的，类图和时序图的建立是相辅相成的，因为时序图中出现的消息基本上都会成为类中的方法。通过对系统的不断分析和细化，识别出如下界面类以及类的方法、属性。

（1）类

BankGUI 是系统的主界面。系统的主界面含有几个按钮，当选择不同按钮时，系统可以执行不同的操作。当程序退出时，主界面窗口关闭。

1）私有属性：

待定。

2）公共方法：

newBankGUI（）：void

该方法创建系统主界面。

deposit（）：void

当按下按钮"存款"时，该方法被调用。

withdraw（）：void

当按下按钮"取款"时，该方法被调用。

transfer（）：void

当按下按钮"转账"时，该方法被调用。

newAccount（）：void

当按下按钮"创建账户"时，该方法被调用。

delAccount（）：void

当按下按钮"删除账户"时，该方法被调用。

modAccount（）：void

当按下按钮"修改账户"时，该方法被调用。

（2）类 QueryDialog

界面类 QueryDialog 是用来根据账户的账号查找账户的对话框。当按下主窗口 BankGUI 中的"删除账户"和"修改账户信息"按钮时，对话框 QueryDialog 弹出，银行职员填写账号，提交，系统查询数据库中具有指定账号的账户信息。

1）私有属性：

待定。

2）类 QueryDialog 具有的方法：

newQDialog（）：void

该方法创建查询窗口。

query（）：void

当查询窗口被提交时，该方法被调用。

（3）类 DWDialog

界面类 DWDialog 是用来存款或取款时所需的对话框，其界面如图 12-9 所示。当按下主窗口 BankGUI 中的"存款"或"取款"按钮时，该对话框弹出，对话框中第 1 个按钮的标签显示为"存款"或"取款"。

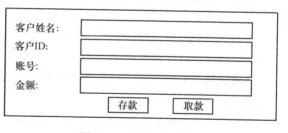

客户姓名：

客户ID：

账号：

金额：

存款   取款

图 12-9 界面 DWDialog

1）私有属性：

待定。

2）公共方法：

newDWDialog（）：void

该方法创建用于填写存、取款信息的窗口。

deposit（）：void

按钮"存款"被按下时，该方法被调用。

withdraw（）：void

按钮"取消"被按下时，该方法被调用。

（4）类 AccountDialog

界面类 AccountDialog 是用来填写或显示账户信息的对话框，如图 12-10 所示。

当按下主窗口 BankGUI 中的"创建账户"按钮时，对话框弹出，银行职员填写账户信息（客户姓名、客户 ID 号、客户地址、账户金额），然后单击对话框中的"创建"按钮，系统创建账户并将之存储在系统中。

当按下主窗口 BankGUI 中的"删除账户"和"修改账户信息"按钮时，对话框 QueryDialog 弹出，银行职员填写账

客户姓名：

客户ID

客户地址：

账号：

金额：

创建   取消

图 12-10 界面 AccountDialog

号，提交，系统查询数据库获取账户信息后，弹出对话框 AccountDialog 显示账户的详细信息，对话框的第 1 个按钮的标签根据操作的不同，显示为"删除"或"修改"。如若是"删除账户"，银行职员单击对话框中的"删除"按钮，系统删除所存储的该账户信息。如若是"修改账户信息"，银行职员修改账户信息后，单击对话框中的"修改"按钮，则系统更新所存储的账户信息。

1）私有属性：

待定。

2）公共方法：

newADialog（account：Account）：void

该方法创建用于显示账户信息的窗口。

newAccount（）：void

"创建"按钮被按下时，该方法被调用。

delAccount（）：void

"删除"按钮被按下时，该方法被调用。

modAccount（）：void

"修改"按钮被按下时，该方法被调用。

（5）类 TransferDialog

界面类 TransferDialog 是用来填写转账信息的对话框，当按下主窗口 BankGUI 中的"转账"按钮时，该对话框弹出，银行职员填写资金转出账户、转账金额、资金转入账户等信息，然后单击"OK"按钮确定操作，系统执行转账操作。

1）私有属性：

待定。

2）公共方法：

newTDialog（）：void

该方法创建用于填写转账信息的对话框。

transfer（）：void

当对话框被提交时，该方法被调用。

（6）类 LoginDialog

界面类 LoginDialog 是用来输入用户名和密码的对话框。该对话框在启动系统时弹出，提示用户输入验证信息，若验证成功，则系统启动；否则，用户重新输入验证信息或终止操作。

1）私有属性：

待定。

2）公共方法：

newLDialog（）：void

该方法创建用来输入用户名和密码的对话框。

submit（）：void

当对话框被提交时，该方法被调用。

validate（name：String，pass：String）：Boolean

验证用户名和密码是否正确。

12.3.3 建立类图

识别出系统中的类后，还要识别出类间的关系，然后就可以建立类图了。类间的关系如图 12-11 的系统类图所示。

类 BankGUI 与类 LoginDialog 之间是关联关系，而 AccountDialog、QueryDialog、TransferDialog、DWDialog 是 BankGUI 的一部分，它们与 BankGUI 具有一致的生存周期，因此它们与类 BankGUI 之间是组合关系。类 AccountDialog、QueryDialog、TransferDialog、DWDialog 与类 Account 之间是依赖关系。类 Account 与类 Customer 之间是"多对多"的关联关系，1 个

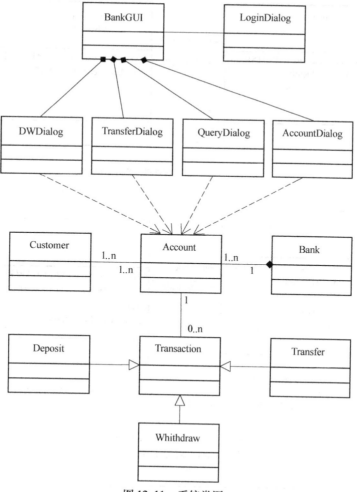

图 12-11　系统类图

Customer 对象至少持有 1 个 Account 对象，1 个 Account 对象至少由 1 个 Customer 持有（联合账户可由多个客户共同持有）。类 Account 和类 Bank 之间是"一对多"的组合关系，类 Account 是类 Bank 的一部分，1 个 Bank 对象至少有 1 个 Account 对象，1 个 Account 对象只属于 1 个 Bank。类 Account 与类 Transaction 存在"一对多"关联关系，1 个 Account 对象可以没有或有多个交易记录（Ttransaction 对象），1 个 Transaction 对象只属于 1 个账户。类 Deposit、Withdraw、Transfer 继承类 Transaction。

12.3.4　建立数据库模型

本系统采用关系数据库进行数据管理。在分析和设计系统的静态结构模型时需要进行数据分析和数据库设计。系统的数据库的逻辑模型如图 12-12 所示，关系表的 UML 符号用原型为 relational table 的类符号表示，关系表的列用类符号中的属性表示，带有原型 pk 的属性代表主键，带有 fk 的属性代表外键。另外，还添加了 3 个列，分别是"is_deposit""is_transfer""is_withdraw"，用以判断 Transaction 的类型。为了模拟类 Customer 和类 Account 之间存在的"多对多"关系，需要创建交叉表 CustomerToAccount。类 Bank 和类 Account 之间的"一对多"组合关系是能通过在表 Account 中插入外键"bank_code"以匹配 Bank 中的主键"bank_

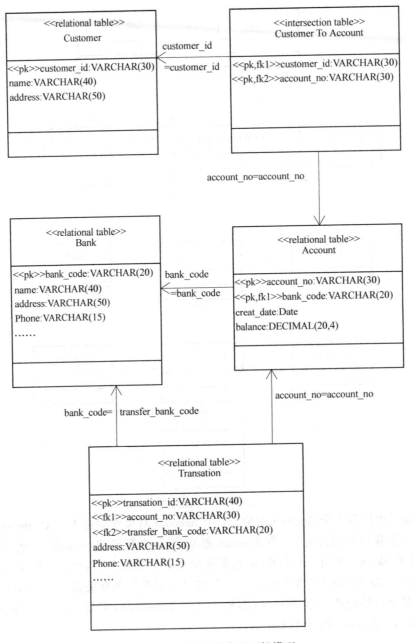

图 12-12 系统数据库的逻辑模型

code"来模拟的。类 Account 和类 Transaction 之间的"一对多"关联关系同通过在表 Transac-tion 中插入外键"account _ no"以匹配表 Account 中的主键"account _ no"来模拟。另外，表 Transaction 看中的外键"transfer _ bank _ code"与表 Bank 中的主键"bank _ code"匹配。

12. 4 对象类动态模型

系统的对象类动态模型可以用顺序图、状态图和活动图来描述。本章用活动图描述了用例的场景，使读者对用例事件流的描述有了更清晰的认识。活动图强调了从活动到活动的控制流，而顺序图则强调从对象到对象的控制流。本节采用顺序图来描述为完成某个特定功能发生在系统对象之间的信息交换。

描述本系统用例场景的时序图如下：

"登录"的顺序图如图 12-13 所示，Clerk 启动系统，类 LoginDialog 的方法 newLDialog（）被调用，创建用来填写登录信息的对话框。Clerk 填写登录信息后提交 Submit（），执行方法 validate（）验证用户名和密码是否正确，若正确，发送消息 newBankGUI（）给类 BankGUI，启动系统，创建系统主界面。

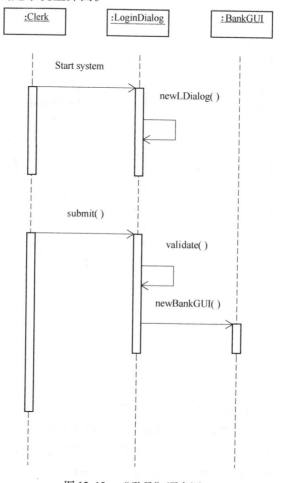

图 12-13　"登录"顺序图

"存款"的顺序图如图 12-14 所示。客户要求存款，Clerk 发送消息 deposit（）给类 BankGUI，类 BankGUI 又发送消息 newDWDialog（）给类 DWDialog，也即类 DWDialog 的方法 newDWDialog（）被调用，创建用于填写存款信息的窗口。Clerk 填写必要的信息后，提交，类 DWDialog 的方法 deposit（）被调用，发送消息 deposit（）给类 Account。在类 Account 的方法 deposit（）执行过程中，首先调用类 Account 的方法 query（），确定数据库中是否存在该账户，若存在，则发送消息 newDeposit（）给类 Deposit，创建一个存款交易记录，然后调用方法 save（）将该记录存储到数据库中，调用类 Account 的方法 newBalance（）计算新的账户余额，最后调用方法 update（）更新数据库中该账户的信息。

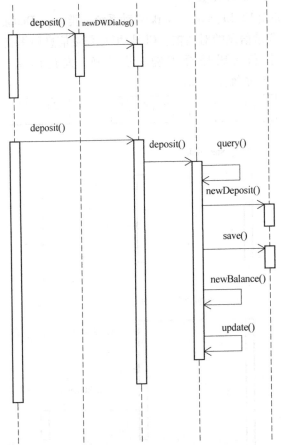

图 12-14 "存款"顺序图

"取款"的顺序图如图 12-15 所示，客户要求取款，Clerk 发送消息 withdraw（）给类 BankGUI，类 BankGUI 又发送消息 newDWDialog（）给类 DWDialog，创建用于填写取款信息的窗口。Clerk 填写必要的信息后，提交，类 DWDialog 的方法 withdraw（）被调用，发送消息 withdraw（）给类 Account。在类 Account 的方法 withdraw（）执行过程中，首先，调用类 Account 的方法 query（），确定数据库中是否存在该账户，并确认账户中的金额是否足够支付所取款项，若账户存在且金额足够，则发送消息 newWithdraw（）给类 Withdraw，创建一个取款交易记录，然后，调用方法 save（）将该记录存储到数据库中，调用类 Account 的方法 newBalance（）计算新的账户余额，最后，调用方法 update（）更新数据库中该账户的信息。

"在银行内转账"的顺序图如图 12-16 所示，Clerk 发送消息 transfer（）给类 BankGUI，类 BankGUI 发送信息 newTDialog（）给类 TransferDialog，创建用于填写转账信息的窗口。Clerk 填写必要的信息后，提交，类 TtransferDialog 的方法 transfer（）被调用，发送消息

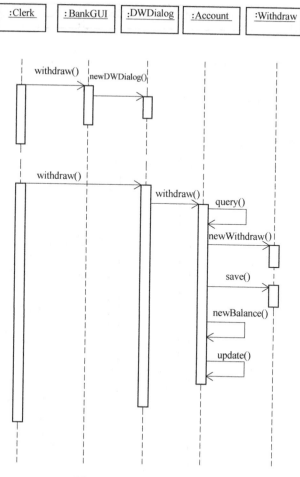

图 12-15　"取款"顺序图

transferOut（）给类 Account 的对象 t1（资金转出账户），调用方法 query（）查询账户 t1 是
否存在且资金是否足够（大于转账金额），然后调用方法 newBalance（）计算新的账户余
额，再调用方法 update（）更新数据库中 t1 的信息，然后发送消息 newTransfer（）给类
Transfer，创建转账交易记录，然后发送消息 save（）给类 Transfer，存储转账交易记录。类
TransferDialog 还发送消息 transferIn（）给类 Account 的对象 t2（资金转入账户），调用方法
query（）查询账户 t2 是否存在，然后调用方法 newBalance（）计算新的账户余额，再调用
方法 update（）更新数据库中 t2 的信息，然后发送消息 newTransfer（）给类 Transfer，创建
转账交易记录，发送消息 save（）给类 Transfer，存储转账交易记录。

"在银行之间转账"的顺序图如图 12-17 所示，Clerk 发送消息 transfer（）给类
BankGUI，类 BankGUI 发送信息 newTDialog（）给类 TransferDialog，创建用于填写转账信息
的窗口。Clerk 填写必要的信息后，提交，类 TtransferDialog 的方法 transfer（）被调用，发
送消息 transferOut（）或 transferIn（）（根据账户是资金输入账户还是资金转出账户发送不
同的消息）给类 Account 的对象，调用方法 query（）查询账户是否存在，如果是资金转出
账户，还要检查账户资金是否足够（大于转账金额），调用类 Account 的方法 newBalance
（），计算新的账户余额，再调用方法 update（）更新数据库中账户的信息，然后发送消息

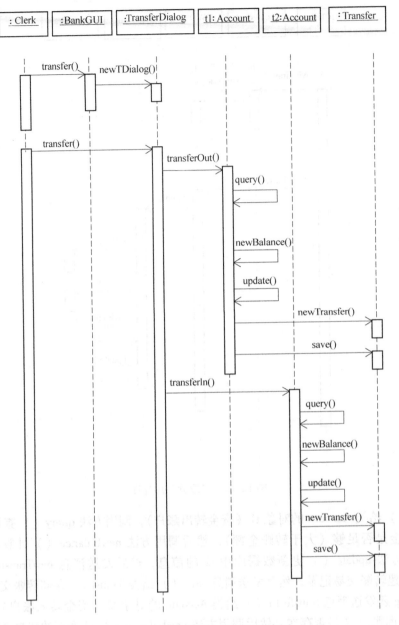

图 12-16   "在银行内转账"顺序图

newTransfer（ ）给类 Transfer，创建转账交易记录，然后发送消息 save（ ）给类 Transfer，存储转账交易记录。最后发送转账通知给另一个银行。

"创建新账户"的顺序图如图 12-18 所示，客户要求创建账户，Clerk 发送消息 newAc-count（ ）给类 BankGUI，类 BankGUI 发送信息 newADialog（ ）给类 AccountDialog，创建用于填写转账信息的窗口。Clerk 填写必要的信息后，提交，类 AccountDialog 的方法 newAc-count（ ）被调用，发送消息 newAccount（ ）给类 Account 的对象，创建 Account 对象。在方法 newAccount（ ）被执行过程中，要调用方法 query（ ）查询该客户是否已在数据库中存在（该客户可能已在银行开设其他账户，因此数据库中已有该客户信息），若该客户信息已在

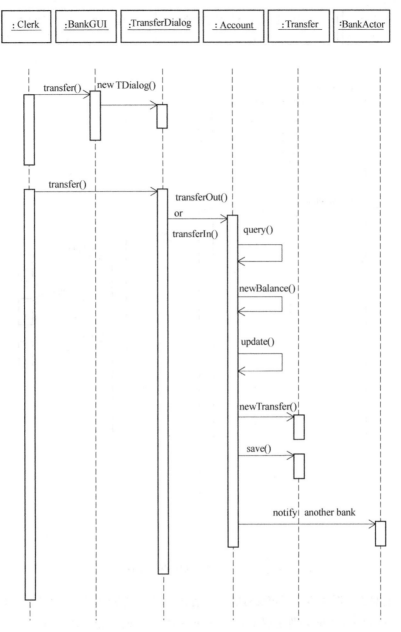

图 12-17　"在银行之间转账"顺序图

数据库中存在，类 Account 发送消息 update（）给类 Customer，更新数据库中该客户的信息。反之，若数据库中不存在该客户信息，类 Account 发送消息 newCustomer（）给类 Customer，创建 Customer 对象，然后调用方法 save（）将客户信息存储到数据库中，图 12-18所示描述了数据库中不存在客户信息的情况。调用类 Account 的方法 save（）将 Account 信息存储到数据库中。

　　"删除账户"的顺序图如图 12-19 所示，客户要求删除账户，Clerk 发送消息 delAccount（）给类 BankGUI，类 BankGUI 发送信息 newQDialog（）给类 QueryDialog，创建用于填写账号的窗口。Clerk 填写账号后，提交，类 QueryDialog 的方法 query（）被调用，发送消息 getAccount（）

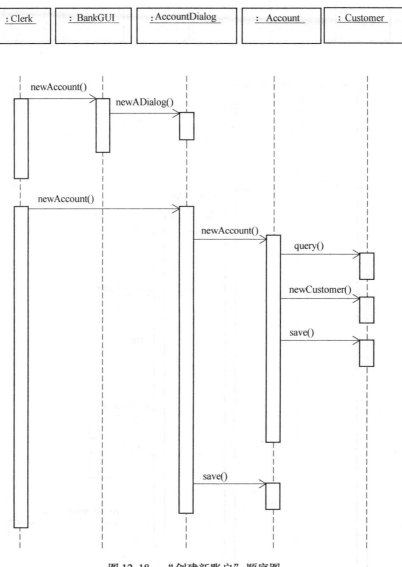

图 12-18 "创建新账户"顺序图

给类 Account 的对象，返回匹配指定账号的账户信息。调用方法 newADialog（）创建窗口并将账户信息显示在窗口中，Clerk 确定删除，类 AccountDialog 的方法 delAccount（）被调用，发送消息 remAccount（）给类 Account。在方法 remAccount（）被执行的过程中，首先调用类 Account 的方法 closeAccount（）结清账户的利息和余额，关闭账户，然后调用方法 delete（）从数据库中删除账户，发送消息 update（）给类 Customer，更新数据库中 Customer 的相关信息，然后调用类 Customer 的方法 hasAccount（）判断是否还有与 Customer 相关的账户存在，若没有，调用方法 delete（）删除数据库中的客户信息。

　　"修改账户信息"的顺序图如图 12-20 所示，Clerk 发送消息 modAccount（）给类 BankGUI，类 BankGUI 发送信息 newQDialog（）给类 QueryDialog，创建用于填写账号的窗口。Clerk 填写账号后，提交，类 QueryDialog 的方法 query（）被调用，发送消息 getAccount（）给类 Account 的对象，返回匹配指定账号的账户信息。调用方法 newADialog（）创建窗口并将账户信息显示在窗口中，Clerk 修改信息后，提交，类 AccountDialog 的方法 modAc-count（）被调用，发送消息 update（）给类 Customer，更新数据库中客户信息，发送消息 update（）给类 Account，更新数据库中账户信息。

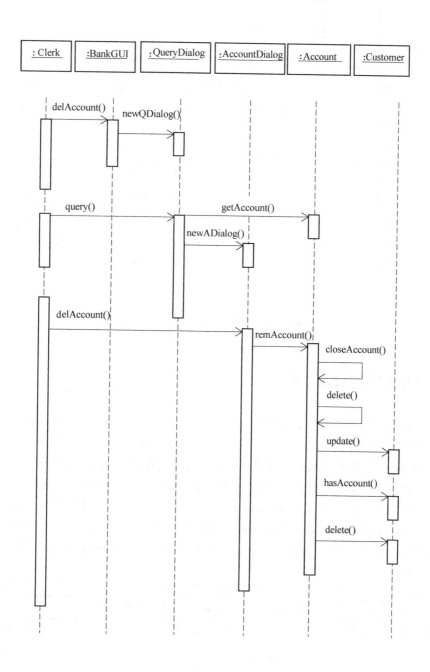

图 12-19 "删除账户"顺序图

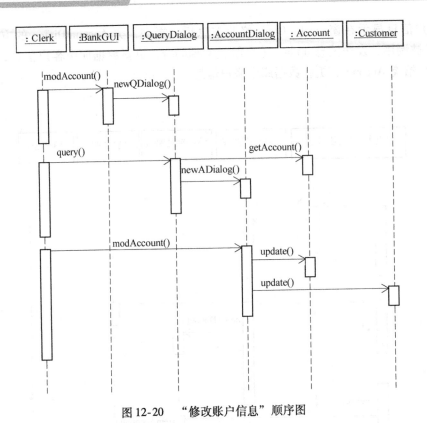

图 12-20 "修改账户信息"顺序图

12.5 系统体系结构建模

系统配置图如图 12-21 所示,有 4 个节点"Bank Server"(银行系统服务器)、"DB Server"(数据库服务器)、"Internal Client"(内部客户端)、"External Client"(外部客户端)。"Bank Sever"为客户提供了存款、取款、转账的服务,为银行职员提供了创建账户、删除账户、修改账户信息的服务。"DB Server"保存系统中的所有持久数据,它是一个旧系统,因此原型为 << legacy >>,"DB Server"与"Bank Server"通过银行局域网连接。银行职员通过"Internal Client/External Client"为客户存款、取款、转账,并维护账户信息,"Internal Client"通过银行局域网与"Bank Sever"连接,"External Client"通过 Internet 与"Bank Sever"连接。

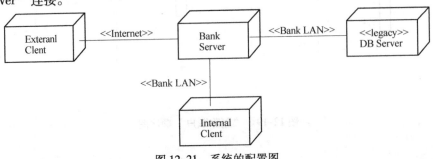

图 12-21 系统的配置图

小　结

　　以"银行系统"的面向对象分析与设计过程为例，介绍了如何用 UML 为系统进行建模。首先，使用用例图来描述系统的需求，并给出了系统用例的事件流描述。在识别系统对象时，通过寻找系统域描述、需求描述中的名词的方法进行。然后，使用类图来描述系统的静态模型，用顺序图来描述用例的场景，揭示了系统的主要动态模型，并为识别类的操作、识别类之间的关系以及细化类做出了贡献。

第 13 章 面向对象实例2——俄罗斯方块分析与设计

13.1 系统需求

1）随机产生经典俄罗斯方块图形，每种方块颜色不同。

2）可以设置游戏难度级别，级别越高方块下落速度越快。

3）可以暂停游戏或继续游戏。

4）方向键实现下落方块的左移、右移、加速下落、变形等基本操作。

5）方块下落后，下方如果有满行，则将满行消除。

6）对游戏成绩进行记分并显示。

13.2 面向对象分析

13.2.1 建立功能模型

1. 系统用例图

使用 UML 进行系统分析，就是使用面向对象方法来分析系统，以此建立面向对象的系统模型。此处主要采用 UML 的例图、活动图对俄罗斯方块游戏的需求进行分析，并建立功能模型。

识别参与者：构造系统的用例模型首先要确定参与者，参与者是与系统、子系统或类发生交互的外部用户、进程或其他系统。通过上面的用户分析，可以确定该系统的参与者为游戏玩家。

识别用例：用例是规定系统或部分系统的行为，它描述系统所执行的动作序列集，并为执行者产生一个可供观察的结果。

根据需求描述，可以得到以下用例图，系统顶级用例图如图 13-1 所示。开始游戏用例图如图 13-2 所示。

2. 典型用例描述

（1）开始游戏

开始游戏用例描述见表 13-1。

（2）提示信息

提示信息用例描述见表 13-2。

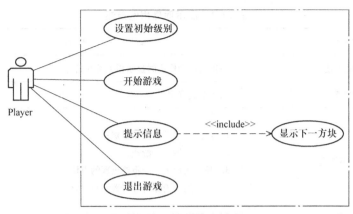

图 13-1　系统顶级用例图

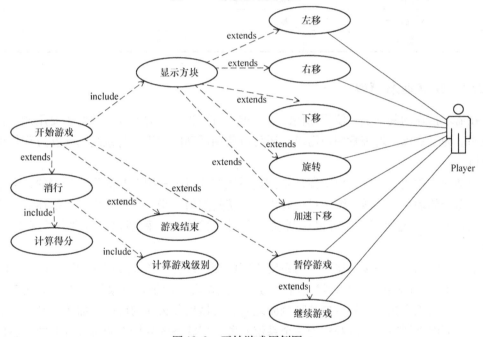

图 13-2　开始游戏用例图

表 13-1　开始游戏用例描述

用例名称	开始游戏
功能简述	用户通过方向键控制方块的旋转、左移、右移、加速下移
前置条件	启动游戏程序
基本事件流	1. 用户开始一个新游戏； 2. 用户将方块旋转到一个适当的方向； 3. 用户左移方块； 4. 用户右移方块； 5. 用户加速下移方块； 6. 方块落到最下方
替代事件流	1a. 用户暂停游戏； 1b. 用户继续游戏。 2a. 系统将满行消除； 2b. 游戏结束
后置条件	无
备注	

表 13-2　提示信息用例描述

用例名称	提示信息
功能简述	根据用户操作实时显示相关游戏信息
前置条件	启动游戏程序
基本事件流	1. 用户设置游戏初始级别； 2. 用户开始一个游戏； 3. 显示用户下一个将要出现的方块； 4. 显示用户消除的总行数和总得分
替代事件流	2a. 游戏结束
后置条件	无
备注	

13.2.2　建立动态模型

在需求描述的基础上，使用用例图对需求进行了进一步的刻画，并对主要用例进行了详细说明。为了更深入地理解用户需求，还可以使用活动图对用户与系统的交互过程作更具体的分析。

活动图主要用于业务建模阶段，是描述系统在执行某一用例时的具体步骤的，它主要表现的是系统的动作。从活动图中可以看出，系统是如何一步一步地完成用例描述的。活动图描述的是整个系统的事情。可以说活动图是对用例图的一种细化，帮助开发者理解业务领域。

下面用活动图进一步描述用户与系统之间的交互过程。游戏过程活动图如图 13-3 所示。

状态图是描述某一对象的状态转化的，它主要表现的是该对象的状态。从状态图中可以看出，该对象在接收了外界的某种刺激之后，会做出什么样的反应。描述的是一个对象的事情。下面将俄罗斯方块游戏作为一个系统对象，用状态图分析它的所有可有的状态以及引发状态转换的事件，如图 13-4 所示。

13.2.3　建立对象模型

"万物皆对象"，面向对象程序设计的核心思想是使用现实世界中人类分析和处理问题的方式进行程序设计。因此，结合以上需求分析和描述，可以形象地把俄罗斯方块的游戏过程比作在一个房子里使用各种不同形状的砖块砌墙。每次拿起一个砖块，适当地对它进行旋转、左移、右移，找到恰当的位置后把它固定住。砖块固定后就成为下面的墙的一部分。然后再拿起一个砖块，重复以上过程，直到把墙砌满时游戏结束。

建立对象模型的目的就是要找出完成业务功能的所有对象，这些对象就像公司里一个部门的所有员工，每一个人都有自己特定的职责，完成指定的任务。在这一步就要找出业务模型中所有的对象，并分析这些对象类之间的关系。如果系统需要使用数据库，则这步分析包括传统软件工程学中的 E – R 图所要完成的功能。对象模型将会在下一个阶段，即设计阶段

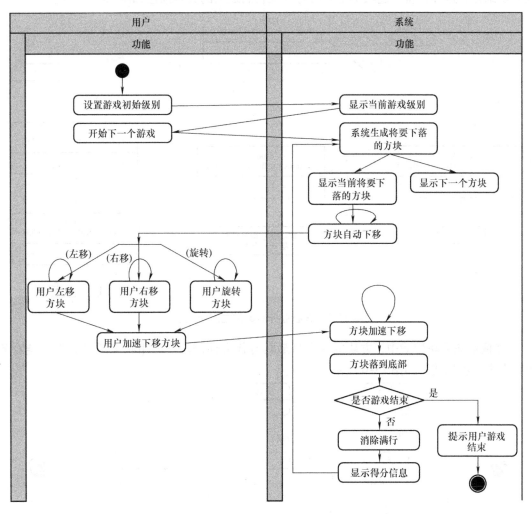

图 13-3　游戏过程活动图

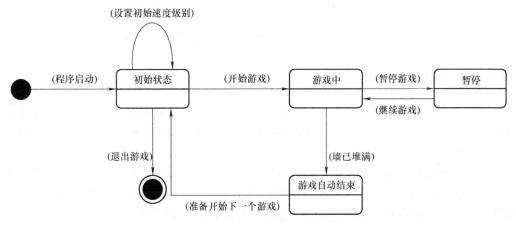

图 13-4　俄罗斯方块游戏系统状态图

进一步细化。这样，将问题域中主要的对象及它们之间的关系描述如图 13-5 所示。

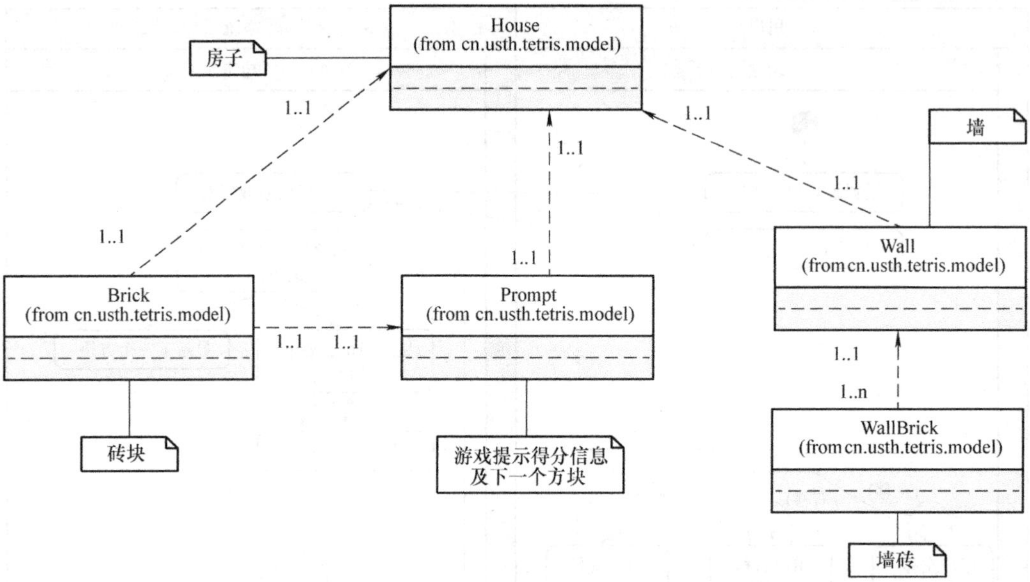

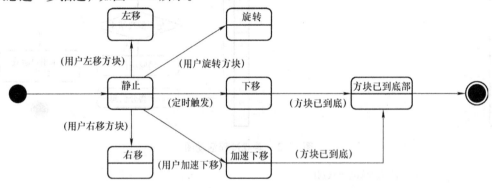

图 13-5　核心业务对象类之间的关系

在俄罗斯方块游戏中，方块的状态是最具有代表性的。下面用状态图来对方块类对象的状态进一步描述，如图 13-6 所示。

图 13-6　方块对象 Brick 的状态图

13.2.4　界面设计

人机界面设计是接口设计的重要组成部分。对于交互式系统来说，人机界面的设计质量直接影响用户对软件产品的评价，从而影响软件产品的竞争力和寿命，因此必须对人机界面设计给予足够重视。

在面向对象分析阶段，要对人机界面进行初步设计。界面设计的结果一方面有助于提前找出需求分析人员与用户对系统需求理解中的潜在的不一致；另一方面有助于分析人员对系统更深入、更全面地理解。俄罗斯方块主界面模型设计如图 13-7 所示。

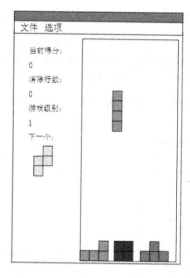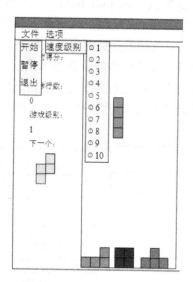

图 13-7　游戏主界面设计

13.3　面向对象设计

面向对象设计解决的是"类与相互通信的对象之间的组织关系，包括它们的角色、职责、协作方式几个方面。面向对象设计模式是"好的面向对象设计"。所谓"好的面向对象设计"，是那些可以满足"应对变化，提高复用"的设计。面向对象设计模式描述的是软件设计，因此它是独立于编程语言的，但是面向对象设计模式的最终实现仍然要使用面向对象编程语言来表达，本项目最终使用 Java 语言实现。

13.3.1　系统架构设计

通过图形化界面与用户交互的系统的特点是：用户通过操作图形界面与系统交互；系统响应用户引发的事件，向对象传递消息；对象之间仅通过消息相互通信，协作完成一个具体的业务功能。俄罗斯方块游戏的设计中，可以把问题域的业务逻辑与图形界面展示分离开，这样做的好处是整个系统结构清晰，分工明确；并且问题域的对象类相对独立，有利于扩展功能以及软件复用。这里借助目前流行的 MVC［模型（Model）－视图（View）－控制器（Controller）］的思想把完成系统不同功能的类和接口划分到 3 个包中。

（1）模型实体包（cn. usth. tetris. model）

模型实体包封装了实现俄罗斯方块业务功能的所有基础对象类。这个包就像公司里的一个部门，所有对象类就相当于部门中的每一个职位，每个职位都有具体的岗位职责。每个职位对应的员工就是一个具体的对象，是对象类的一个实例。

（2）用户接口包（cn. usth. tetris. view）

用户接口包封装了实现俄罗斯方块游戏的用户界面类，它们就像公司对外业务的窗口。公司的客户通过这个窗口向公司的员工提出服务请求，若干公司员工相互协作完成对顾客的服务，并最终通过窗口将产品交给顾客。

（3）业务逻辑包（cn. usth. tetris. controller）

业务逻辑包封装了实现俄罗斯方块具体业务功能的接口（Interface），接口中的具体业务就是从用户角度看到的业务逻辑。该包是系统业务的核心实现部分，其他包可以通过实现该包提供的接口，实现具体的业务逻辑内容。具体地说，业务逻辑包中的接口完成两项任务：一是如何组织协调业务实体包中的多个对象共同完成用户请求的服务；二是如何通过用户接口包的图形界面完成与用户的交互。综上所述，俄罗斯方块游戏系统架构设计如图13-8所示。

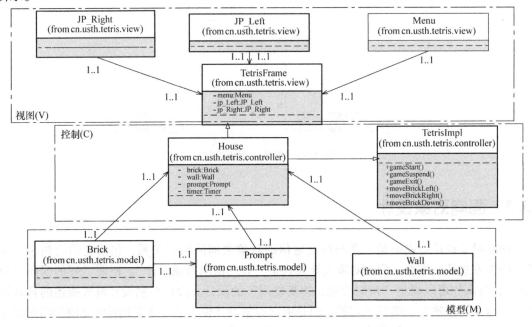

图 13-8　俄罗斯方块游戏系统架构

13.3.2　模型层设计

在面向对象分析阶段，确定了问题域中主要的对象类及它们之间的关系。在此基础上，进一步添加和完善每个类的属性和行为，并确定类之间的关系。

（1）方块类（Brick）

观察一般的俄罗斯方块游戏中的各种方块，可以看出：

1）不同类别的方块有各种形状和不同的颜色。

2）方块最大长度或最大宽度都不超过4个小单元。

3）每种方块旋转后的形状最多有4种状态（如T形、L形、Z型、I型方块），最少有1种状态（如田字形方块）。

4）方块具有左移、右移、旋转、下移、加速下移等行为。

游戏中的方块尽管相互之间形状、颜色不同，但它们还是有很多相同点，都有（x，y）坐标，都用4×4的整型数组表示，都有旋转标识，都有几种基本行为，等等。但它们也有不同，比如旋转的方式不同，有的方块根本不用旋转，因为它只有一种旋转状态，而有的方块最多有4种旋转方式。这样，把所有方块共性的部分抽象出来定义为父类，每个具体的方块作为子类继承父类的所有属性和行为，并具体定义自己独特的属性和行为。这样，通过方块类的类图将方块类的属性和行为，以及方块类父类与子类之间的关系具体描述如图 13-9 所示。

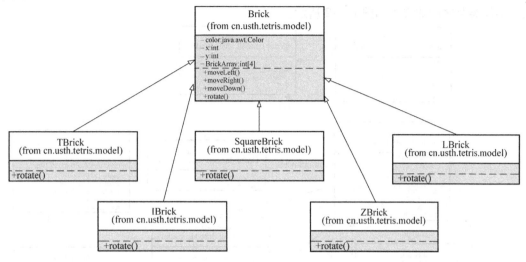

图 13-9　方块类的 UML 类图

（2）墙类（Wall）

方块不能再向下移动就变为了墙的一部分。墙类用来表示从上方落下的所有方块的集合。用二维数组表示，其中二维数组的每个元素对应一个墙砖类，如图 13-10 所示。

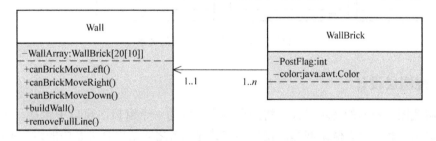

图 13-10　墙类的 UML 类图

（3）提示信息类（Prompt）

提示信息包括当前游戏速度级别、游戏得分、消除的总行数，以及下一个将要下落的方块，如图 13-11 所示。

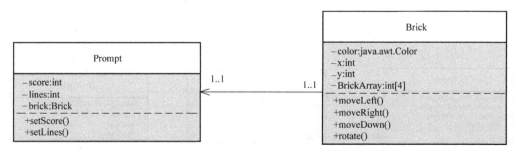

图 13-11　提示信息类的 UML 类图

（4）实体类及其关系设计

房子类与方块类、墙类、提示信息类之间是聚合关系中的组合关系。聚合是整体与部分的关系，整体包含部分。组合关系是强聚合关系，如果房子不存在，则其他三者也将不存在。实体类及之间的关系如图 13-12 所示。

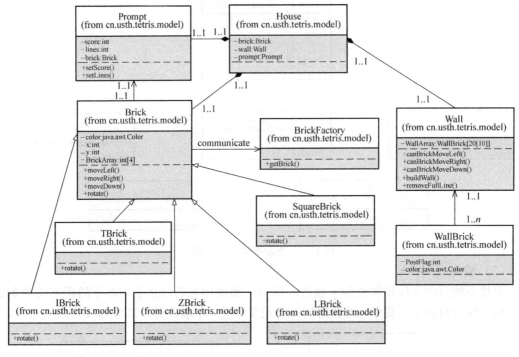

图 13-12　实体类及其之间的关系

13.3.3　视图层设计

参照游戏图形界面的初步设计，将图形界面分解为一个窗口。窗口中包括一个菜单条、一个左侧提示区和一个右侧游戏区。窗口类与其他三者之间是聚合关系中的组合关系。设计结果如图 13-13 所示。

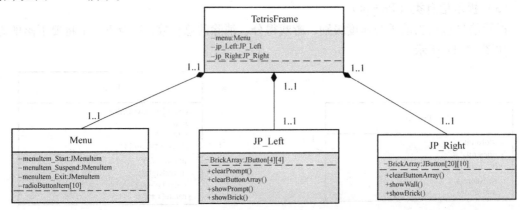

图 13-13　图形接口类及其之间的关系

13.3.4 控制层设计

控制器接收用户的输入并调用模型和视图去完成用户的需求。这里将用户的基本控制功能定义在 TetrisImpl 接口中，然后是房子类（House）、继承窗口类（TetrisFrame），并实现 TetrisImpl 接口。在 House 类中具体实现控制功能。设计结果如图 13-14 所示。

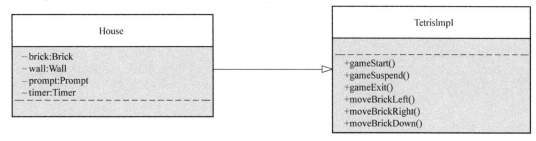

图 13-14　控制层设计

下面以游戏开始为例描述主要控制功能设计结果，其余略。

用户单击界面中的"开始"菜单项开始一个游戏，系统启动定时器；生成游戏区方块并将其显示在游戏区；系统生成提示区方块并将其显示在提示区。这个过程用 UML 顺序图描述，如图 13-15 所示。

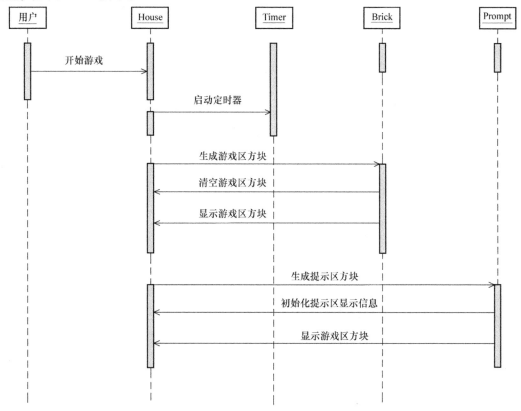

图 13-15　游戏开始顺序图

小　结

本章以"俄罗斯方块系统"的面向对象分析与设计过程为例，通过需求描述，借助 UML 系统建模工具，实现了面向对象的分析与设计。

第14章 传统软件工程实例1——
教学管理系统分析与设计

14.1 可行性研究

通过调查，明确了待开发的"教学管理系统"主要涉及该校的教务处、学生处两个管理部门。该系统的业务主要有考试考务、学籍档案、教学任务、成绩管理及教学评估 5 部分。为进一步了解和分析，采用结构化的描述——业务流程图描述系统的业务流程。其业务流程图如图 14-1a～e 所示。

得出系统的总体功能需求如下。

（1）学籍档案管理

可处理学生的基本信息（包括照片）及注册、学习成绩、收费信息等进行处理、查询与统计；对新生可根据学号约束条件给新生分配学号；学生注册处理；学生专业调整等；对毕业生分配、文凭发放的处理；对学生的变动（包括体、复、退、转、出国留学、开除学籍等）信息的处理和查询等功能。

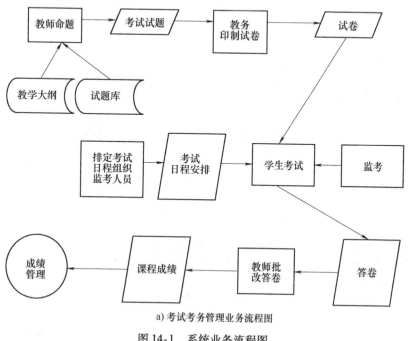

a)考试考务管理业务流程图

图 14-1 系统业务流程图

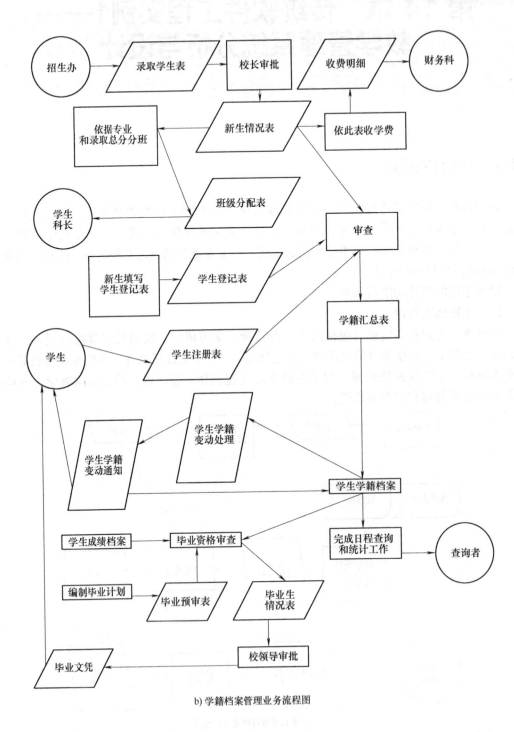

b) 学籍档案管理业务流程图

图 14-1 系统

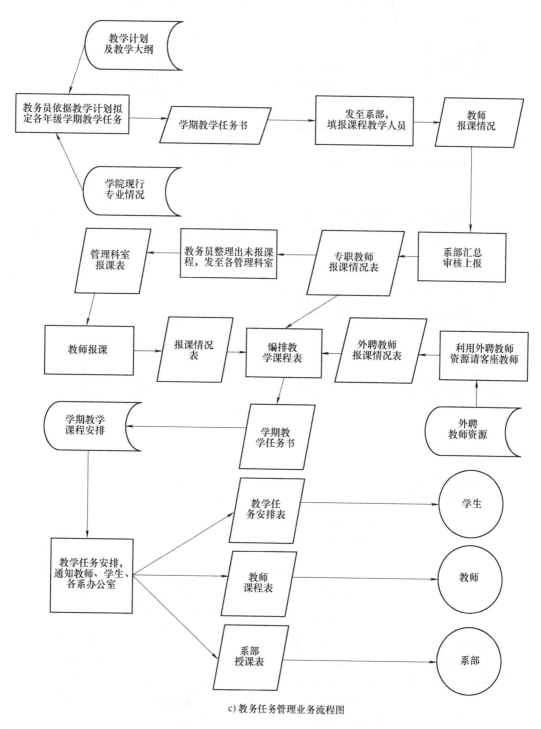

c) 教务任务管理业务流程图

业务流程图（续）

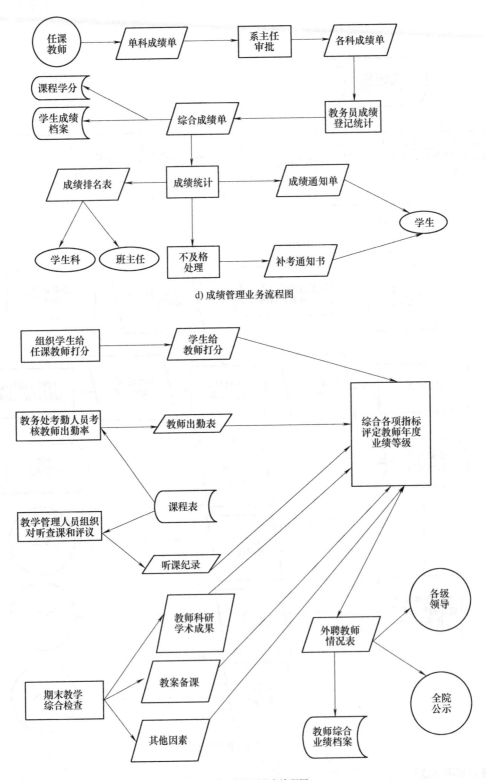

d) 成绩管理业务流程图

e) 教学评估管理业务流程图

图 14-1　系统业务流程图（续）

（2）成绩管理

成绩管理包括成绩的录入、修改、删除；论文成绩的录入、修改、删除；成绩的各种查询、统计；各种统计报表打印（包括各种形式的成绩单）；成绩备份等功能。

（3）教学任务管理

教学任务管理对教学信息进行管理，对管理人员提供课程设置、教学计划、教师信息、开课计划等的录入、修改、查询、统计、打印等功能。具体包括：

每个学院（系）相关的教务员可对本院（系）所开的课程信息进行录入、修改和删除。课程信息包括课程号、课程中/英文名、课程简介、教材、参考书、学分、周学时、总学时、开课学期、开课教师、先修课程、课程学时分配等；对全校其他单位的课程可以进行查询，但不能录入、修改和删除。

可编辑、录入本院（系）各专业的教学计划，同时提供对本院（系）教学计划查询、复制和打印的功能。

可编辑、录入本院（系）下一学期计划开出的课程，用于计算机排课表，计算机排完课表后会把每门课程分配到的教室号送回开课计划中。各院、系可以在本地查询、打印课表。

（4）考试考务管理

考试考务管理包括试题库的管理功能，可完成试题的录入、查询、修改以及按照组卷的策略生成试卷等；考试管理功能，可编辑、录入院（系）该学期的考试课程时间安排，生成本学期的考试地点、考试时间、监考老师等数据。各院、系可以在本地查询、打印。

（5）教学评估管理

教学评估管理包括对各院、系所开的课程、专业教学计划、开课计划进行宏观控制；各单位可对教师工作量和工作成绩进行计算和评估。可生成和打印各种统计报表，如实际开课统计表、教师出勤情况表、教学情况统计表、教师科研情况统计表、教学计划要求表、全校课程一览表等。

14.2 系统需求

本部分主要介绍数据流分析，数据字典及其他部分内容可参考由卢潇主编的《软件工程》。

首先，分析划分系统边界，识别系统的数据来源和去处，确定外部项，得出系统的关联图如图 14-2 所示。

然后，根据划分出几个主要的信息管理功能，并明确各功能之间的联系，绘制出系统的顶层数据流图，如图 14-3 所示。

顶层数据流图仅从总体上反映了系统的信息联系，按照结构化分析方法，自顶向下、逐层分解，对顶层图进行细化。细化进行到数据流图中的每一个数据处理成为一个很容易理解的单一功能，且这个单一功能可以通过简单的逻辑表达式在数据字典予以说明。本系统的数据流图绘制三层即可符合要求。得到的二层数据流图如图 14-4a ~ f 所示。

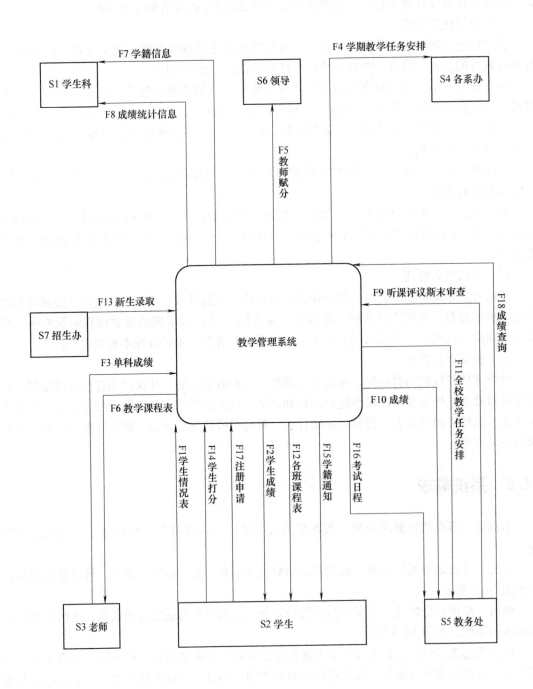

图 14-2 教学管理系统关联图

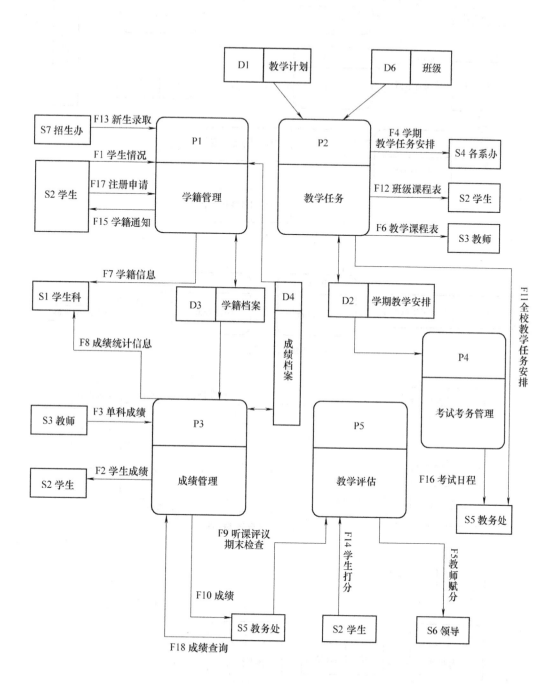

图 14-3　教学管理系统顶层图

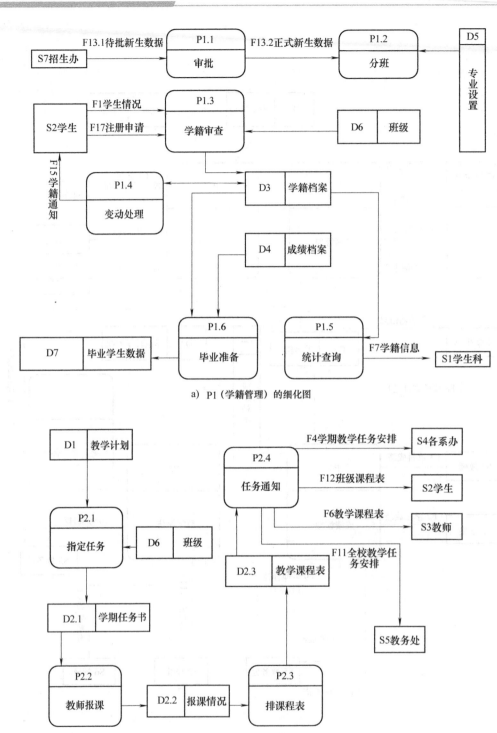

a) P1（学籍管理）的细化图

b) P2（教学任务管理）的细化图

图 14-4　教学管理系统各功能细化图

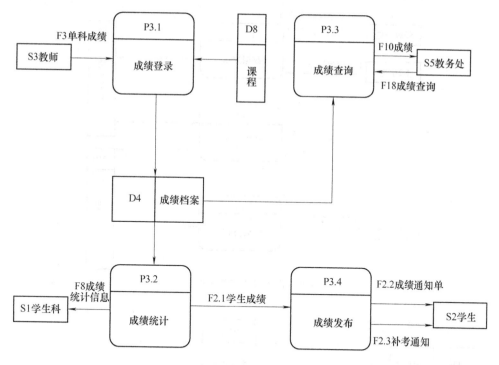

c) P3（成绩管理）的细化图

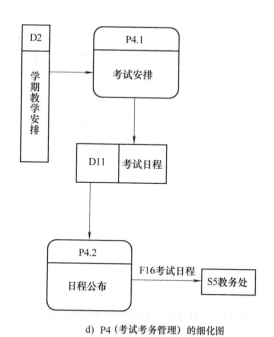

d) P4（考试考务管理）的细化图

图 14-4 教学管理系统各功能细化图（续）

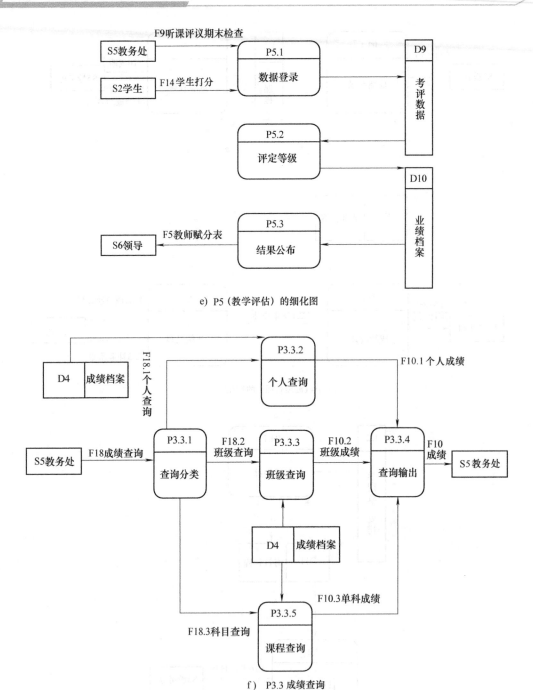

e）P5（教学评估）的细化图

f）P3.3 成绩查询

图 14-4　教学管理系统各功能细化图（续）

14.3　系统设计

本部分主要介绍模块的结构设计，其他部分内容可参考由卢潇主编的《软件工程》。

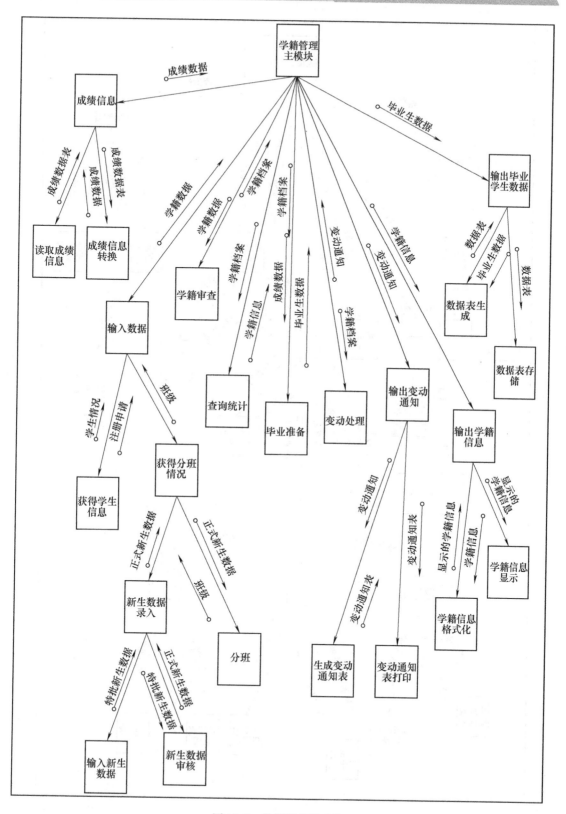

图 14-5　学籍管理子系统

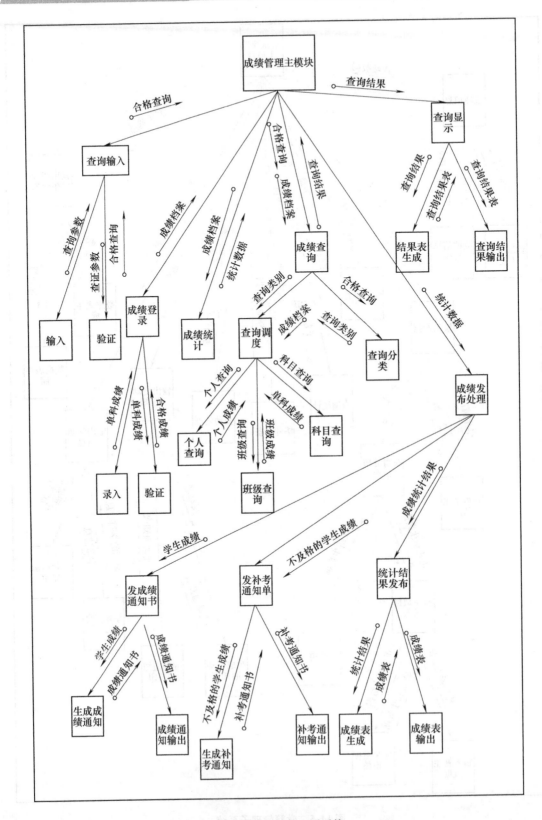

图 14-6 成绩管理子系统

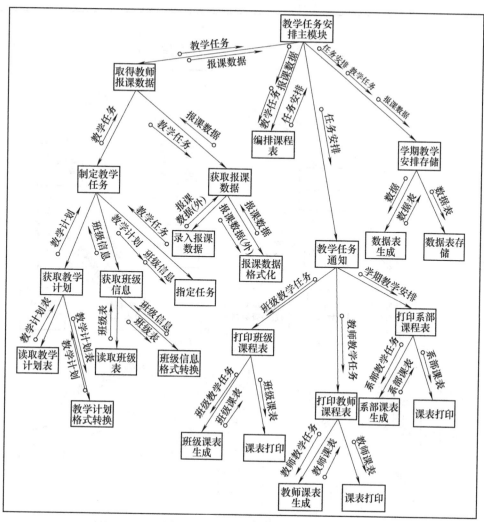

图 14-7 教学任务管理子系统

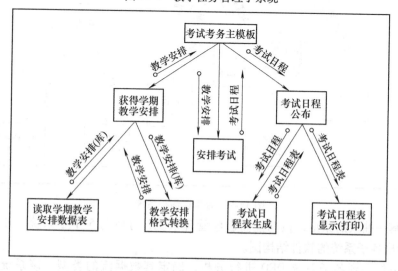

图 14-8 考试考务子系统

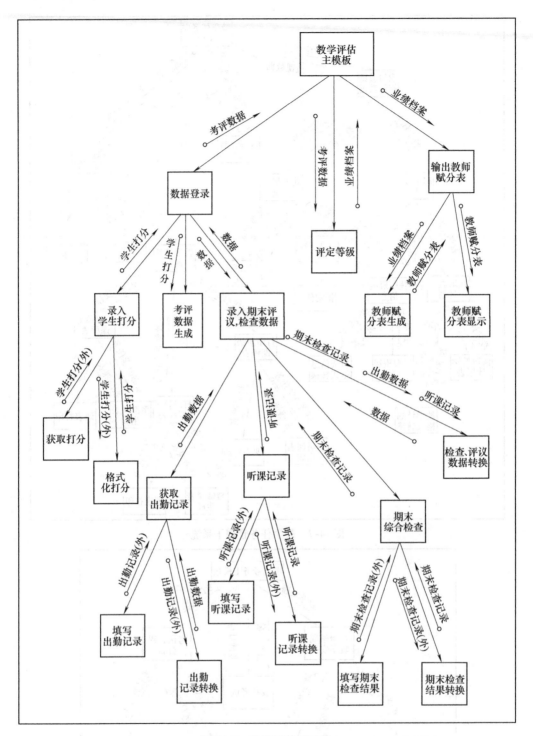

图 14-9 教学评估子系统

依据分解—抽象的原则，按功能将教学管理系统，分解为 5 个子系统。使用 SD 方法，依据 DFD 导出各子系统的软件结构图。

对需求分析得到各子系统 DFD 进行分析，确定其数据流的类型。该系统中各子系统

DFD 整体均可看做变换型，它们的输入、变换中心和输出分别如下所列。

1）学籍管理：逻辑输入是"班级"、"学生情况"和"注册申请"；变换中心是"学籍审查"、"变动处理"和"查询统计"；逻辑输出是"学籍档案"，如图 14-5 所示。

2）成绩管理：逻辑输入是"成绩档案"；变换中心是"成绩查询"和"成绩统计"；逻辑输出是"成绩信息"，如图 14-6 所示。

3）教学任务：逻辑输入是"报课情况"；变换中心是"编排课程表"；逻辑输出是"教学课程表"，如图 14-7 所示。

4）考试考务：逻辑输入是"学期教学安排"；变换中心是"考试安排"；逻辑输出是"考试日程"，如图 14-8 所示。

5）教学评估：逻辑输入是"考评数据"；变换中心是"评定等级"；逻辑输出是"业绩档案"，如图 14-9 所示。

14.4 系统实现

系统实现的主要任务如下。

1. 系统物理实现

1）硬件选择：服务器 1 台、交换机 5 台、路由器 2 台、终端 6 台。

2）操作系统：服务器采用 Windows 2000 Server；终端采用 Windows 9x/2000/XP。

3）IIS：采用 6.0 以上版本。

4）开发工具：Visual Basic. NET。

5）数据库管理系统：SQL Server 2000 数据库管理系统及其实用工具。

2. 数据库物理设计

根据前面形成的数据库逻辑模型，利用 SQL Server 2000 数据库系统中的 SQL 查询分析器或企业管理器实现数据库物理模型，创建库和表（略）。

3. 编码

按照如下步骤完成程序的编码。

1）创建教学管理系统主窗体。

2）创建公用模块。

3）创建用户登录窗体。

4）创建各子系统窗体。

编程的基本方法是添加窗体、选取控件、设置属性、编写代码。

完成编码后进行相关测试，并组织鉴定和验收，最终交付用户使用，伴随着系统的运行进入维护阶段。因篇幅限制，不再赘述。

小 结

以教学管理系统为例，通过可行性分析、需求分析、系统设计、系统实现等方面，介绍了传统软件工程的分析与设计过程，旨在帮助读者对传统软件工程有一个清晰的认识，利用软件工程的方法解决实际问题。

第15章 传统软件工程实例2——高校学生档案管理系统分析与设计

15.1 系统需求

随着人事制度改革的深入，人才流动性进一步增强，陈旧的档案管理方法已经远不能满足人们工作的需要。由于高校学生档案管理系统十分庞大，纸质档案的信息管理不仅办公效率低、查询不方便，而且系统间的联系和信息的交换也不畅通，因此对学生档案实施信息化管理十分必要。同时，如何利用数字化、信息化做好高校学生档案的管理工作、提高工作效率也受到了广泛关注和重视。

随着大学办学规模与办学质量的不断提高，高校学生数量急剧增加，使学校的学生档案管理工作难度越来越大，因此开发出一套准确、高效的学生档案管理系统是学校档案管理工作的必然要求。

15.2 业务流程分析

针对大学档案工作具体情况，高校学生档案管理系统业务功能扩展如下。

1）档案存档管理。根据有关文件要求对高校学生档案归档内容进行整理录入，形成学生档案文件。

2）档案转递管理。当学生因升学、工作、退学、转学等原因需要转递档案时，管理员根据学生的去向，转递档案。

3）档案借阅管理。如果学生或者单位需要借阅或复印已归档档案材料，可以向档案管理员提出申请，档案管理员依据材料和程序判断是否借阅。

4）档案报表统计。在对档案进行管理的过程中，档案管理人员需要统计档案的相关信息，并制作报表。

5）档案查询。具有高效的档案查询功能，学生通过系统查询档案去向，用人单位或者学生可以查询成绩、学籍、学历、学位等信息。

6）咨询服务。提供办理相关业务的咨询服务。

7）系统管理。具有系统管理功能，根据工作内容对于不同的管理员设置不同的操作权限，同时需要在管理员进行相关操作后自动生成系统的维护日志。

15.2.1 档案存档管理流程

档案存档管理业务流程如图 15-1 所示，辅导员在收集整理好学生档案信息后由学院负责人鉴定辅导员提交的档案是否完善，如果档案不完善，则返回辅导员重新补充相关材料，学院负责人还要在系统中录入学生档案的基本信息。档案管理员在确定学院应交的材料齐全的情况下，在系统中录入档案的归档状态信息。在系统中完成记录后，档案管理将纸质档案进行整理分类后保存。

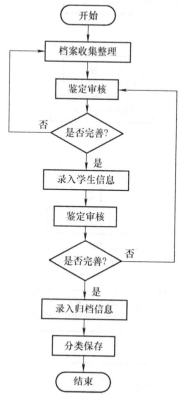

图 15-1　档案存档管理业务流程图

15.2.2　档案转递管理流程

当学生因各种原因离开学校，需要将档案转递到其他单位时须提交转递申请，并提供相关证明材料，管理员根据学生的去向，转递档案。申请转递档案的学生或者用人单位，可以扫描相关材料后，通过档案管理系统发送到档案管理员邮箱中，档案管理人员检查手续是否齐全，再通过邮件告诉用户缺少材料与否，在材料齐全的情况再递交相关纸质材料。

档案管理员在材料齐备的情况下，进行转递备案，并以机要方式转出档案。正常情况下，接收单位会在接收到档案的情况下，反馈接收信息，档案管理员会在管理系统的帮助下核实接收单位的接收状态。档案转递管理业务流程如图 15-2 所示。

15.2.3　档案借阅管理流程

档案借阅管理业务流程如图 15-3 所示。如果学生或者单位需要借阅或复印已归档档案材料，借阅申请人只需要在档案管理系统对应的入口中填写借阅申请表，扫描相应的证明材料，并上传，作为申请附录。档案管理人员核对材料是否完善，方便用户递交申请。有些档案涉及密级必须经过档案管理部门领导的批准，档案管理人员通过档案管理系统将申请转发至领导邮箱，通过档案管理系统完成审批工作。

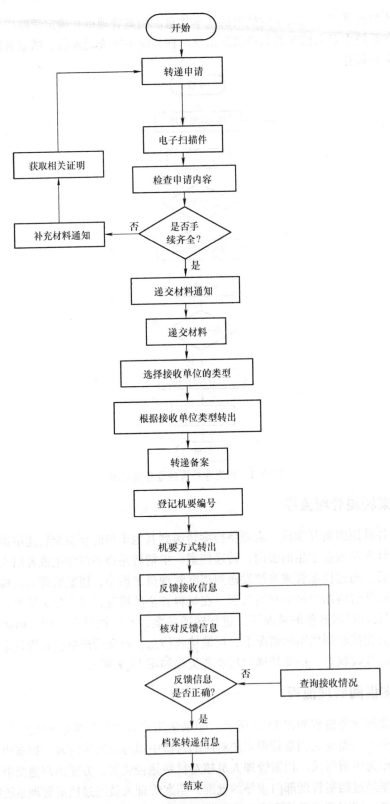

图 15-2 档案转递管理业务流程图

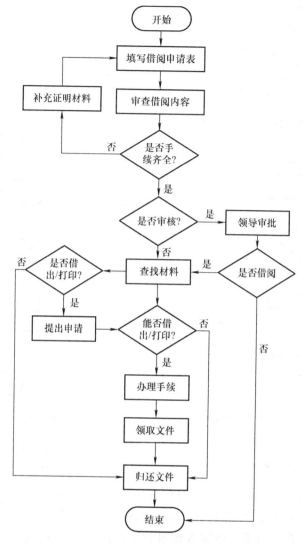

图 15-3 档案借阅管理业务流程图

15.2.4 档案报表统计流程

对档案进行管理的过程中，档案管理人员需要统计档案的相关信息，对档案进行有效的管理。通常档案管理人员需要统计档案的某一类信息，如果该用户具有进行该查询的权限，管理系统自动从数据表中执行统计操作，并形成报表后打印。档案报表统计业务流程如图15-4 所示。

15.2.5 档案查询管理流程

由于档案的转递或者由于某些原因转出，系统都会有记录，学生可以根据学号或身份证号码查询档案去向、现在状态等信息。档案查询管理业务流程如图 15-5 所示。

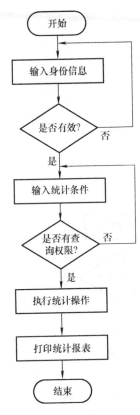

图 15-4 档案报表统计业务流程图

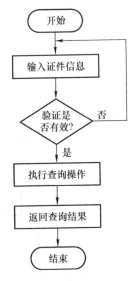

图 15-5 档案查询业务流程图

15.2.6 咨询服务管理流程

通常情况下，学生和一些单位用户对档案的处理过程并不了解，如档案转递到哪里，什么时间转递，档案转递的步骤等一系列问题。档案管理过程繁杂，所以在通常情况下，学生需要当面咨询或者电话咨询档案管理员相关操作流程。

咨询服务管理是为了更好地服务系统用户，对于一些事物办理流程，如何办理等问题，档案馆工作人员对这些情况是相对熟悉的。用户在需要了解相关情况时，可以登录高校档案管理系统相关界面获得服务链接，在对应的位置填写问题后，提交咨询的问题。高校学生档案管理系统会将问题推送到档案管理员的工作界面，管理员进行回答后，其回复内容发送给用户。用户还可以对其服务水平进行评价。咨询服务管理业务流程如图 15-6 所示。

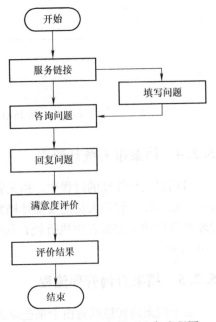

图 15-6 咨询服务管理业务流程图

15.2.7　系统管理流程

系统管理人员是拥有系统操作最高权限的维护人员，主要负责对系统进行管理、维护，保障系统的可靠稳定运行。系统管理员在相应的入口输入正确的用户名和密码登录系统，对系统进行相应的维护后，退出系统。系统管理对档案管理系统的维护主要包括数据管理、用户管理和日志管理3部分。系统管理业务流程如图15-7所示。

1）数据管理。系统管理员主要是对学生档案的数据进行批量操作，特别重要的一点是维护数据库的稳定、可靠、高效运行。

2）用户管理。系统管理员在系统中为档案管理员分配操作权限，划定不同管理员的工作范畴以及维护普通用户注册等信息。

3）日志管理。档案管理员操作系统后，系统自动形成日志文件，系统管理员也需要对这类文件进行合理的管理与维护，以提高档案管理的可延续性和追踪性。

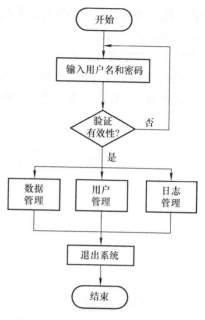

图 15-7　系统管理业务流程图

15.3　功能分析

本节阐述高校学生档案管理系统功能需求分析的主要内容，以业务需求分析为基础，对高校学生档案管理系统需要实现的主要功能进行详细分析，为详细设计奠定基础。

15.3.1　角色分析

高校学生档案管理系统包括系统用户、档案管理员和系统管理员3类用户角色，各类用户的具体功能见表15-1。

表 15-1　系统角色及功能表

角色	功能
系统用户	系统的参与者，可以进行档案去向查询，档案借阅或复印相关档案文件，以及向档案管理员进行咨询等
档案管理员	系统的参与者，进行档案录入管理、档案转递管理、报表统计、档案借阅管理等
系统管理员	管理和维护整个系统的用户组织结构，负责对用户、角色、用户级别的增、删、改、查等管理

15.3.2　数据流分析

本小节以业务需求为基础，分析系统实现的主要功能，并以数据流图形式进行描述。

（1）顶层数据流图

系统的顶层数据流图如图15-8所示。从顶层数据流图可以看出，系统用户、档案管理员和系统管理员是学生档案管理系统的主要参与者。系统用户可以查询、借阅、复印档案中的某些内容，有问题也可以通过人工在线服务或者发送邮件进行询问。档案管理员负责管理学生档案，包括录入、查询、统计工作，并且为学生提供相关咨询服务。系统管理员拥有整个系统的最高权限，负责整个系统的运行与维护，包括管理系统用户角色和权限，批量上传文件，备份和打印，以及日志的查询和管理。

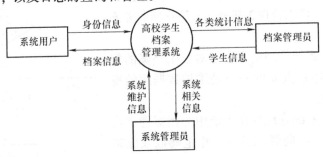

图 15-8　顶层数据流图

（2）第一层数据流图

进一步细化各加工步骤，系统的第一层数据流图如图15-9所示，并对数据流的加工进行了进一步描述。

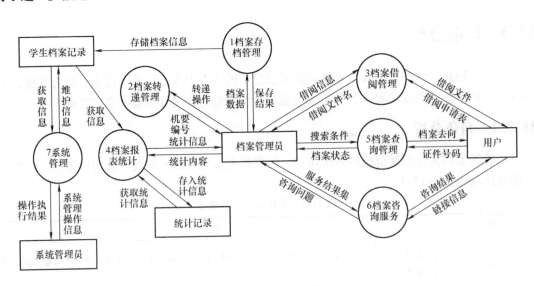

图 15-9　第一层数据流图

1）档案存档管理。档案管理员对各学院送来的纸质档案和电子档案进行录入，以电子档案材料进行存储，最终生成学生档案记录，记录在数据库中。

2）档案转递管理。当学生因升学、工作、退学或中途转学等原因离校时，需要将档案转递到其他单位，需要提交转递申请，并提供相关证明材料，档案管理员根据学生的去向转递档案并在档案转递记录中记录。

3）档案借阅管理。当用户需要借阅文件时，首先要填写借阅申请表，通过档案借阅管理模块，判断是否可以借阅，如果某些文件必须获取相关证明才能借阅，而所有借阅都必须记录在借阅登记记录中。

4）档案报表统计。档案管理员将所需要统计的内容或统计条件，结合学生档案记录、档案转递记录、借阅登记记录进行统计，定期制作报表，存储在统计记录中并返回相关统计信息。

5）档案查询管理。用户输入学生学号或身份证号码等证件进行验证，档案管理员输入相关搜索条件，档案查询管理模块通过查询档案去向记录就可以直接显示档案去向或档案状态等信息，以及如何处理档案等信息。

6）档案咨询服务。用户在使用档案管理系统中存在疑惑或者在档案管理系统设计中未涉及的部分内容，可以通过获取咨询服务模块中的邮箱或者在线咨询相关链接信息进行咨询服务，档案管理员根据用户咨询的问题进行回答，将相关服务结果集反馈给用户。

7）系统管理。系统管理员通过输入对系统管理的操作信息，对用户信息记录进行操作，给系统使用者分配权限，以及管理学生档案记录等，并将操作执行结果返回给系统管理员，同时系统的操作信息也必须存入日志管理表中。

（3）档案存档管理数据流图

档案存档管理数据流图如图 15-10 所示。其中，"1.1 档案基本信息录入"加工词条的功能是将在校学生的档案材料录入，该加工词条的输入数据是档案材料，输出数据是学生档案信息；"1.2 档案分类汇总"加工词条的功能是对学生档案进行分类汇总，该加工词条的输入数据是学生档案信息，输出数据是分类结果。其加工逻辑为将分好类的学生档案进行归档存储，形成学生档案记录。

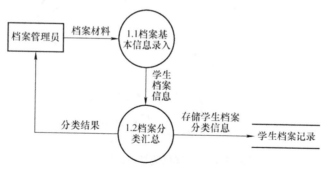

图 15-10　档案存档管理数据流图

（4）档案转递管理数据流图

档案转递管理始于用户。其中，"2.1 转递申请登记"加工词条的功能是在档案转递时，用户提出申请，该加工的输入数据是转递意向，输出数据是申请信息，申请信息内容记录在转递申请表中；"2.2 转递材料审核"加工词条的功能是对用户递交的转递申请内容进行审核；"2.3 档案转出登记"加工词条的功能是对用户档案转递信息进行登记，并将机要编号、档案接收单位等信息记录在档案转递记录中；"2.4 反馈转递信息"加工词条的功能是记录接收单位反馈过来的档案妥投信息，将所转递的档案状态存入档案转递记录中。档案转递管理数据流图如图 15-11 所示。

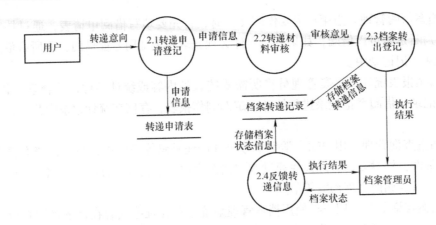

图 15-11　档案转递管理数据流图

（5）档案借阅管理数据流图

档案借阅管理数据流图如图 15-12 所示，其中数据加工有 3.1 借阅申请登记、3.2 借阅材料审核、3.3 查阅或借出档案文件、3.4 归还文件 4 个加工词条，数据存储文件有借阅申请表和档案借阅记录。

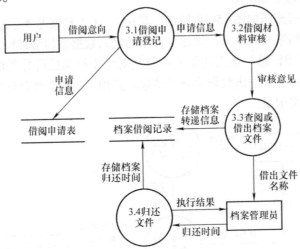

图 15-12　档案借阅管理数据流图

（6）档案报表统计管理数据流图

档案报表统计模块中，"4.1 统计相关内容"加工词条用于根据相应的统计条件对档案进行报表统计，该加工词条的输入数据是统计内容，输出数据是统计信息，加工逻辑为将统计信息记录在统计记录中；"4.2 打印统计内容"加工词条用于打印统计记录，该加工词条的输入数据是打印条件，输出数据是打印结果，加工逻辑为将统计记录中的统计信息进行打印。档案报表统计管理数据流图如图 15-13 所示。

（7）档案查询管理数据流图

档案查询管理数据流图如图 15-14 所示。其中，"5.1 查询档案去向"加工词条用于管理员查询档案状态，该加工词条的输入数据是搜索条件，输出数据是档案状态，加工逻辑是

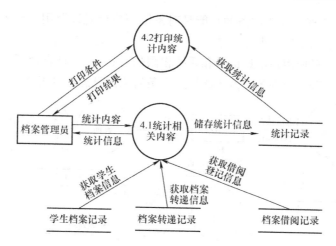

图 15-13　档案报表统计管理数据流图

从档案去向记录中获取搜索条件中的档案所有人的
档案状态信息；"5.2 反馈档案状态"加工词条用于
用户获取查询档案状态，该加工的输入数据是证件
号码，输出数据是档案去向，加工逻辑是从档案去
向记录中获证件号码所对应本人的档案状态信息。

（8）档案咨询服务数据流图

　　档案咨询服务中，"6.1 邮箱咨询"加工词条的
功能是用户通过邮箱方式获取咨询信息，邮箱链接
信息、咨询结果集流经加工词条后输出咨询问题、
咨询结果集；"6.2 人工在线服务"加工词条的功能
是用户通过人工在线方式及时获取信息，服务链接
信息、服务结果集流经加工词条后输出咨询问题、
咨询结果集。档案咨询服务数据流图如图 15-15
所示。

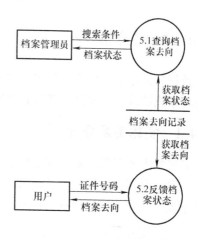

图 15-14　档案查询管理数据流图

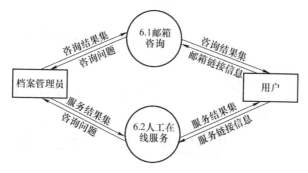

图 15-15　档案咨询服务数据流图

（9）系统管理数据流图

　　系统管理数据流图如图 15-16 所示。其中，"7.1 数据管理"加工词条的功能是系统管
理员对学生档案进行批量录入，备份或者打印管理，数据维护信息流入该加工词条后输出处

理结果；"7.2用户管理"加工词条的功能是对系统用户信息以及用户权限进行管理，用户管理信息流入该加工词条后输出处理结果，"用户管理"又分为用户信息管理和用户权限管理两个子加工过程，形成用户信息记录和系统权限信息；"7.3日志管理"加工词条的功能是对系统日志进行管理，查询条件流入该加工词条后输出日志信息集合。

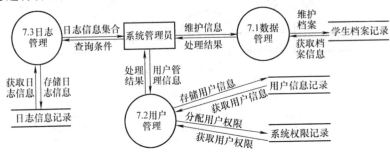

图 15-16　系统管理数据流图

15.4　数据分析

　　数据分析是对完成业务和实现软件功能时所需要的数据进行分析。数据库是高校学生档案管理系统的核心，设计合理的数据库表结构是本系统分析与设计的关键部分之一。

15.4.1　实体关系分析

　　高校学生档案管理系统主要包括学生档案记录、档案转递记录、借阅登记记录、统计记录、档案去向记录、用户信息记录、系统权限记录和日志信息记录 8 个实体。高校学生档案管理系统 E–R 图如图 15-17 所示。

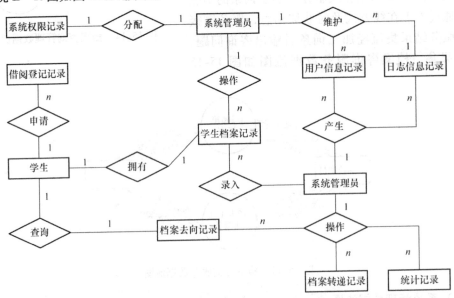

图 15-17　高校学生档案管理系统 E–R 图

　　每名学生拥有一个学生档案记录，每名学生可以提出多次借阅申请，可以查询本人档案去向记录。每名档案管理员可以录入多名学生的档案，可以操作产生多条档案转递记录和多条统计记录并对多条档案的去向记录进行查询。档案管理员的每一次操作都会产生操作记录以及系统运行的信息都记录在日志信息记录中。系统管理员需要对所有的日志信息记录进行维护，也可以对学生档案记录进行批量操作，系统管理员与系统权限记录是一对一的关系。

15.4.2　主要数据流

系统主要数据流和数据文件描述见表 15-2 ~ 表 15-16。

表 15-2　"档案材料"数据流描述

数据流名称	档案材料
简述	学生档案信息
来源	档案管理员
去向	加工"档案存档管理"
组成	学生登记表 + 学生学籍表 + 成绩单 + 奖惩材料 + 相关证明材料 + 其他

表 15-3　"学生档案信息"数据流描述

数据流名称	学生档案信息
简述	根据学生档案种类进行分类
来源	加工"档案基本信息录入"
去向	加工"档案分类汇总"
组成	学生登记表 + 学生学籍表 + 成绩单 + 奖惩材料 + 相关证明材料 + 其他

表 15-4　"转递意向"数据流描述

数据流名称	转递意向
简述	学生的转递意向
来源	学生
去向	加工"转递申请登记"
组成	是/否

表 15-5　"档案状态"数据流描述

数据流名称	档案状态
简述	学生档案的转递是否妥投
来源	档案管理员
去向	加工"反馈转递信息"
组成	妥投/未妥投

表 15-6　"执行结果"数据流描述

数据流名称	执行结果
简述	操作成功与否
来源	档案转递登记或反馈转递消息
去向	档案管理员
组成	成功/失败

表 15-7 "借阅意向"数据流描述

数据流名称	借阅意向
简述	学生提出的借阅意向
来源	用户
去向	加工"借阅申请登记"
组成	是/否

表 15-8 "申请信息"数据流描述

数据流名称	申请信息
简述	学生提出的申请信息
来源	加工"借阅申请登记"
去向	加工"借阅材料审核"
组成	借阅人姓名+性别+学号+联系方式+借阅时间+借阅文件名+借阅理由

表 15-9 "学生档案记录"数据文件描述

数据文件名	学生档案记录
简述	系统中所有学生档案的信息
数据文件组成	档案编号+姓名+专业+学号+学历+身份证号+户口所在地+入学时间+是否有学生登记表+是否有学生学籍表+是否有成绩单+是否有奖惩材料+是否有相关证明材料+是否有论文答辩评审表+是否有毕业生登记表+是否有毕业生体检表+其他
存储方式	索引文件,以学生档案编号为关键字
存取频率	异常频繁
查询要求	能立即查询

表 15-10 "档案转递记录"数据文件描述

数据文件名	档案转递记录
简述	系统中所有学生档案的转递记录
数据文件组成	序号+档案编号+转递日期+转递单位+转递人+接收日期+接收单位+接收人+联系方式+机要编号+备注
存储方式	索引文件,以转递序号为关键字,档案编号为外键
存取频率	异常频繁
查询要求	能立即查询

表 15-11 "借阅登记记录"数据文件描述

数据文件名	借阅登记记录
简述	系统中所有学生档案的借阅记录
数据文件组成	序号+借阅人姓名+身份证号+性别+联系电话+邮箱+借阅时间+借阅内容+借阅理由+是否借出+是否复印+归还时间
存储方式	索引文件,以借阅登记序号为关键字
存取频率	异常频繁
查询要求	能立即查询

表 15-12 "统计记录"数据文件描述

数据文件名	统计记录
简述	系统中所有学生档案有关信息的统计记录
数据文件组成	序号 + 毕业时间 + 升学人数 + 升学率 + 就业人数 + 未就业人数 + 就业率 + 档案转递数 + 遗留档案数
存储方式	索引文件,以统计记录序号为关键字
存取频率	异常频繁
查询要求	能立即查询

表 15-13 "日志信息记录"数据文件描述

数据文件名	日志信息记录
简述	系统操作的相关记录信息
数据文件组成	日志记录号 + 管理员编号 + 日志操作类型 + 操作时间 + 详细信息
存储方式	日志文件

表 15-14 "档案去向记录"数据文件描述

数据文件名	档案去向记录
简述	系统中所有学生档案去向的记录
数据文件组成	序号 + 档案编号 + 接收单位 + 单位地址 + 联系方式
存储方式	索引文件,以序号为关键字
存取频率	异常频繁
查询要求	能立即查询

表 15-15 "用户信息记录"数据文件描述

数据文件名	用户信息记录
简述	系统中所有用户的信息及权限记录
数据文件组成	管理员编号 + 姓名 + 身份证号 + 性别 + 密码 + 权限 + 出生年月 + 邮箱 + 联系电话
存储方式	索引文件,以管理员编号为关键字
存取频率	少
查询要求	能立即查询

表 15-16 "系统权限记录"数据文件描述

数据文件名	系统权限记录
简述	系统管理员为用户分配的权限
数据文件组成	序号 + 权限等级
存储方式	日志文件

15.5 数据库设计

(1)学生档案记录表

学生档案记录表见表 15-17,其中学生档案编号是主键。

表 15-17 学生档案记录表

字段	类型	长度	主键	备注
DA_id	varchar	20	是	学生档案编号
Stu_name	nvarchar	20	否	学生姓名
Stu_idcard	varchar	18	否	身份证号
Stu_number	varchar	10	否	学生学号
Stu_dept	nvarchar	20	否	学生专业
Stu_city	nvarchar	50	否	户口所在地
Stu_intime	Datetime	8	否	入学时间
Stu_xsdjb	bit	1	否	是否有新生登记表
Stu_xjb	bit	1	否	是否有学生学籍表
Stu_score	bit	1	否	是否有成绩单
Stu_jc	bit	1	否	是否有奖惩材料
Stu_zsjd	bit	1	否	是否有相关证书鉴定材料
Stu_dbsp	bit	1	否	是否有论文答辩审批表
Stu_bydjb	bit	1	否	是否有毕业生登记表

（2）档案转递记录表

档案转递记录表基本信息见表 15-18，其中转递序号是主键。

表 15-18 档案转递记录表

字段	类型	长度	主键	备注
Zd_id	int	10	是	档案转递序号
Zd_number	varchar	14	外键	学生档案编号
Zd_data	datetime	8	否	转递日期
Zd_school	nvarchar	40	否	转递院校
Zd_name	nvarchar	20	否	转递人
Zd_redata	datetime	8	否	接收日期
Zd_rework	nvarchar	50	否	接收单位
Zd_rename	nvarchar	20	否	接收人
Zd_jyid	int	8	否	机要编号
Zd_bz	nvarchar	50	否	备注

（3）借阅登记记录表

借阅登记记录表详细信息见表 15-19，其中借阅登记序号为主键。

表 15-19 借阅登记记录表

字段	类型	长度	主键	备注
Jy_id	int	10	是	借阅登记序号
Jy_name	nvarchar	10	否	借阅人姓名
Jy_sex	bit	1	否	性别
Jy_hpone	nvarchar	20	否	联系电话
Jy_time	datatime	8	否	借阅时间
Jy_cont	nvarchar	100	否	借阅内容
Jy_reason	nvarchar	100	否	借阅理由
Jy_sfjc	bit	2	否	是否借出
Jy_sffy	bit	2	否	是否复印
Jy_btime	datatime	8	否	归还时间

（4）统计记录表

统计记录表详细信息见表15-20。

表15-20　统计记录表

字段	类型	长度	主键	备注
Tj_id	int	10	是	序号
Tj_bytime	datatime	8	否	毕业时间
Tj_jyrs	int	8	否	就业人数
Tj_wjyrs	int	8	否	未就业人数
Tj_jyl	float	8	否	就业率
Tj_sxrs	int	8	否	升学人数
Tj_sxl	float	8	否	升学率
Tj_zds	int	8	否	档案转递数
Tj_yls	int	8	否	遗留档案数

（5）档案去向记录表

档案去向记录表详细信息见表15-21。

表15-21　档案去向记录表

字段	类型	长度	主键	备注
qx_id	int	10	是	序号
qx_nember	varchar	14	否	档案编号
qx_work	nvarchar	50	否	接收单位
qx_addr	nvarchar	50	否	单位地址
qx_phone	nvarchar	20	否	联系方式

（6）用户信息记录表

用户信息记录表详细信息见表15-22。

表15-22　用户信息记录表

字段	类型	长度	主键	备注
user_id	int	10	是	管理员编号
user_name	nvarchar	20	否	姓名
user_pass	varchar	15	否	密码
user_idcard	varchar	18	否	身份证号
user_perm	int	2	否	权限
user_birth	datatime	8	否	出生日期
user_phone	varchar	20	否	联系电话

（7）日志信息记录表

日志信息记录表详细信息见表15-23。

表 15-23 日志信息记录表

字段	类型	长度	主键	备注
log_id	int	10	是	日志记录号
log_adminid	int	10	外键	管理员编号
log_type	varchar	20	否	日志操作类型
log_time	datatime	8	否	操作时间
log_mess	varchar	200	否	详细信息

（8）系统权限记录表

系统权限记录表详细信息见表 15-24。

表 15-24 系统权限记录表

字段	类型	长度	主键	备注
Auth_ id	int	10	是	序号
Auth_ level	varchar	2	否	权限等级

系统实现及测试部分略。

小 结

本章以高校学生档案管理系统为例，介绍了传统软件工程的业务流程分析、功能分析、数据分析及数据库设计等，旨在帮助读者对软件工程有一个清晰的认识，能利用软件工程的方法解决实际问题。

参 考 文 献

[1] 马小军，张玉祥. 软件工程基础与应用［M］. 2 版. 北京：清华大学出版社，2017.

[2] 吕云翔，刘瀚诚，刘天毅. 软件工程项目实训教程［M］. 北京：清华大学出版社，2016.

[3] 卢潇. 软件工程［M］. 北京：清华大学出版社，北京交通大学出版社，2005.

[4] 瞿中，吴愉，刘群，等. 软件工程［M］. 北京：机械工业出版社，2007.

[5] 文斌，刘长青，田原，等. 软件工程与软件文档写作［M］. 北京：清华大学出版社，北京交通大学出版社，2005.

[6] 叶俊民. 软件工程［M］. 北京：清华大学出版社，2006.

[7] 韩万江. 软件工程案例教程［M］. 北京：机械工业出版社，2007

[8] 许家，曾翎，彭德中，等. 软件工程：理论与实践［M］. 北京：高等教育出版社，2004.

[9] 杨文龙，姚淑珍，吴芸. 软件工程［M］. 北京：电子工业出版社，1997.

[10] 张海藩. 软件工程导轮［M］. 北京：清华大学出版社，2003.

[11] 王小铭，林拉. 软件工程规范［M］. 北京：清华大学出版社，2004.

[12] 沈杰. 实用软件工程［M］. 北京：机械工业出版社，2004.

[13] 殷兆麟，等. UML 及其建模工具的使用［M］. 北京：清华大学出版社，北京交通大学出版社，2004.

[14] 陈明. 软件工程［M］. 北京：科学出版社，2002.

[15] 王家华. 软件工程［M］. 沈阳：东北大学出版社，2001.

[16] 周之英. 现代软件工程［M］. 北京：科学出版社，2000.

[17] 陈松桥. 现代软件工程［M］. 北京：北方交通大学出版社，2002.

[18] 王立峰，延伟东，章华. 软件工程理论与实践［M］. 北京：清华大学出版社，2003.

[19] PRESSMAN R S. 软件工程：实践者的研究方法［M］. 梅宏，译. 北京：机械工业出版社，2005.

[20] SOMMERVILLE I. 软件工程［M］. 程成，等译. 北京：机械工业出版社，2003.

[21] LETHEBRIGE T C，LAGANIERE R. 面向对象软件工程［M］. 张红光，等译. 北京：机械工业出版社，2003.

[22] PFLEEGER S L. 软件工程理论与实践［M］. 吴丹，唐亿，史争印，译. 北京：清华大学出版社，2003.

[23] HUNMPHREY W S. 软件工程规范［M］. 傅为，苏俊，许青松，译. 北京：清华大学出版社，2004.

[24] 陈宏刚. 软件开发过程与案例［M］. 北京：清华大学出版社，2003.

[25] 史济民，顾春华，李昌武，等. 软件工程——原理、方法与应用［M］. 北京：高等教育出版社，1990.

[26] 郑人杰，殷人昆. 软件工程概论［M］. 北京：清华大学出版社，1998.

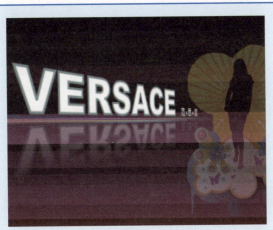

图10-2-35

 知识窗

（1）AE可以对剪辑的视频，在后期给予特效加工和技术处理，从而达到包装合成的目的。它能够让设计制作者使用快速、精确的方式制作出具有视觉创新革命的运动图像和特效，并将其运用到电影、视频、DVD和网络上。AE能够实现高质量视频，多层剪辑，有很强的精确性。读者在学习中应多欣赏优秀片源，多临摹制作，进而研究掌握如何对各类素材进行精确加工，怎样配合无与伦比的特效，产生丰富、美妙的视频效果的技艺方法。

（2）合成图像嵌套就是将一个合成图像作为另一个合成图像的素材来使用。通过合成图像的嵌套，可以有层次的组织项目，并且完成很多特殊的效果，创造一些充满动感真实生动的动画。例如，要完成一个汽车动画卡通，就需要嵌套合成图像。可以建立一个包含轮胎素材的Comp1。在Comp1里，轮胎围绕它的中心点旋转。建立一个包含汽车在屏幕从左向右移动的画面的合成图像Comp2。通过把Comp1嵌套进Comp2，可以模拟车轮滚滚，汽车飞驰的场面，这里轮子在转，汽车在跑，而重要的是轮子并没有独立于汽车。

（3）预览和生成电影是一项复杂的工作，动画制作到一定阶段，应该通过预览观察效果，以便反复修改效果、调整参数。可以通过按数字键盘上的"0"键进行内存预览。通过按住Shift键，然后按0键的方法可以隔一帧进行预览以减少内存的需要。按空格键将结束预览。当合成图像做好以后，就可以生成电影了。

课后练习

根据本模块学到的知识技能，设计一则有新意的公益广告宣传片片头。